全彩图解
视频
学习

电工电路识图

一本通

韩雪涛　主　编
吴　瑛　韩广兴　副主编

U0389988

化学工业出版社

·北京·

内容简介

《从零学电工电路识图一本通》采用全彩色图解的形式，系统全面地介绍了电工电路识图的知识与技能，主要内容包括：电工电路识图基础入门，高压供配电电路、低压供配电电路、照明电路、电动机控制电路、机电设备控制电路、PLC及变频控制电路的结构特点和识图方法。

本书内容丰富，案例详实，包含大量实用的电路资料，以及常用电气部件文字标识和电工电路常用辅助文字符号速查表。本书还对重要的知识和技能专门配置了视频讲解，读者只需要用手机扫描二维码就可以观看视频，学习更加直观便捷。

本书可供电工电子技术人员学习使用，也可供职业学校、培训学校作为教材使用。

图书在版编目（CIP）数据

从零学电工电路识图一本通 / 韩雪涛主编. —北京：化学工业出版社，2021.6（2024.11重印）
ISBN 978-7-122-38932-9

Ⅰ．①从…　Ⅱ．①韩…　Ⅲ．①电路-基本知识
Ⅳ．①TM13

中国版本图书馆CIP数据核字（2021）第066557号

责任编辑：万忻欣　李军亮　　　　　装帧设计：王晓宇
责任校对：宋　玮

出版发行：化学工业出版社（北京市东城区青年湖南街13号　邮政编码100011）
印　　装：涿州市般润文化传播有限公司
850mm×1168mm　1/32　印张7½　字数175千字　2024年11月北京第1版第9次印刷

购书咨询：010-64518888　　　　　售后服务：010-64518899
网　　址：http://www.cip.com.cn
凡购买本书，如有缺损质量问题，本社销售中心负责调换。

定　　价：49.80元

前　言

随着社会整体电气化水平的提升，电工电子技术在各个领域得到日益广泛的应用，社会对电工的需求量很大。电工电路识图是电工领域技术人员必备的基础技能，因此我们从初学者的角度出发，根据实际岗位的技能需求编写了本书，旨在引导读者快速掌握电工电路识图的专业知识与实操技能。

本书采用彩色图解的形式，全面系统地介绍了电工电路特点和识图技能，内容由浅入深，层次分明，重点突出，语言通俗易懂，具有完整的知识体系；书中采用大量实际操作案例进行辅助讲解，帮助读者掌握实操技能并将所学内容运用到工作中。

我们之前编写出版了《彩色图解电工识图速成》一书，出版至今深受读者的欢迎与喜爱，广大读者在学习该书的过程中，通过网上评论或直接联系等方式，对该书内容提出了很多宝贵的意见，对此我们非常重视。我们汇总了读者的意见，并结合电工行业新发展，对该书内容进行了一些改进，比如：新增了常用电气部件文字标识和电工电路常用辅助文字符号速查表，方便读者快速查找电路图中对应标识；同时在原有基础上增加了大量教学视频，使读者的学习更加便利快捷。

本书由数码维修工程师鉴定指导中心组织编写，由全国电子行业专家韩广兴教授亲自指导。编写人员有行业工程师、高级技师和一线教师，使读者在学习过程中如同有一群专家在身边指导，将学习和实践中需要注意的重点、难点一一化解，大大提升学习效果。本书充分结合多媒体教学的特点，不仅充分发挥图解的特色，还在重点、难点处配备视频二维码，读者可以通过手机扫描书中的二维码，通过观看教学视频同步实时学习对应知识点。数字媒体教学资源与书中知识点相互补充，帮助读者轻松理解复杂难懂的专业知识，确保学习者在短时间内获得最佳的学习效果。另外，读者可登录数码维修工程师的官方网站获得技术服务。如果读者在学习和考核认证方面有什么问题，可以通过以下方式与我们联系。电话：022-83718162/83715667/13114807267，地址：天津市南开区榕苑路 4 号天发科技园 8-1-401，邮编：300384。

本书由韩雪涛任主编，吴瑛、韩广兴任副主编，参加本书内容整理工作的还有张丽梅、宋明芳、朱勇、吴玮、吴惠英、张湘萍、高瑞征、韩雪冬、周文静、吴鹏飞、唐秀鸯、王新霞、马梦霞、张义伟。

编　者

目 录

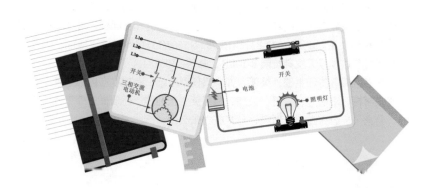

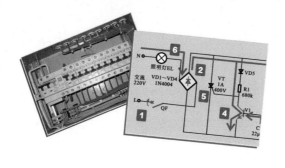

目录

从零学电工电路识图一本通

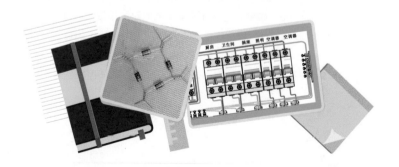

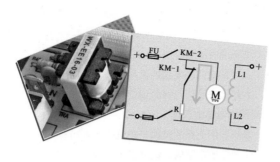

目录

从零学电工电路识图一本通

6

第 6 章

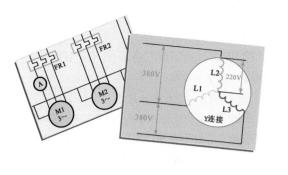

从零学电工电路识图一本通

从零学电工电路识图一本通

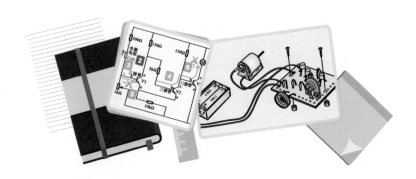

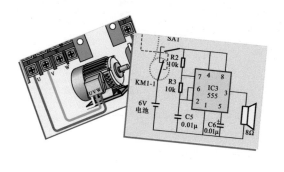

9 第9章 　机电设备控制电路识图（P128）

从零学电工电路识图一本通

10
第 10 章

农机控制电路识图（P154）

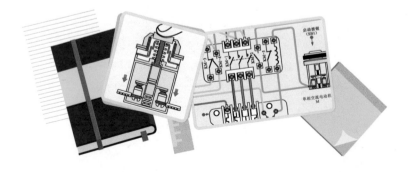

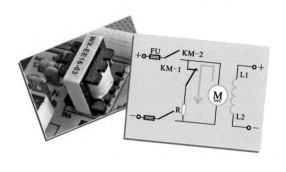

从零学电工电路识图一本通

11

第 11 章

从零学电工电路识图一本通

PLC及变频控制电路识图（P177）

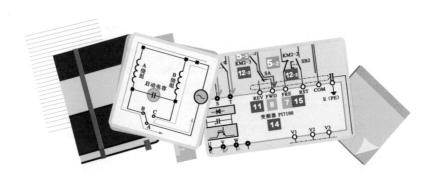

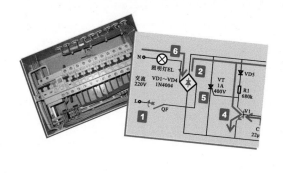

第1章
电工电路识图基础入门

1.1 直流电路与交流电路

1.1.1 直流电路的特点

直流电路是指电流流向不变的电路，这种电路通常是由直流供电电源、负载（电阻、照明灯、电动机等）及控制器件构成的闭合导电回路。

图 1-1　典型的直流电路模型

如图 1-1 所示，电池（直流供电电源）、开关和照明灯（负载）构成了最基本的直流电路模型。当开关断开，电路未形成回路，导线中没有电流流过，照明灯不亮。

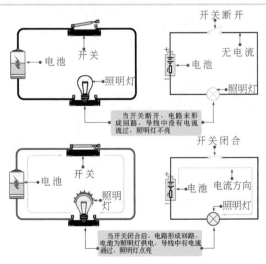

图 1-2　　直流电路中的电流

如图 1-2 所示，在直流电路中，电流和电压是两个非常重要的基本参数。电荷（自由电子）在电场的作用下定向移动，形成电流。根据规定，正电荷流动的方向（或负电荷流动的反方向）即为电流方向。

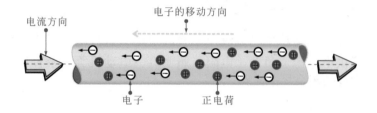

图 1-3　　直流电路中的电压

如图 1-3 所示，所谓电压就是带正电体 A 与带负电体 B 之间的电势差（电压）。也就是说，由电引起的压力使原子内的电子移动，形成电流，该电流流动的压力就是电压。

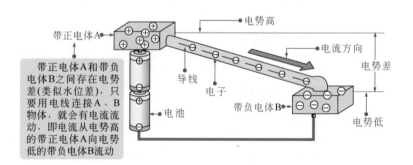

　带正电体A和带负电体B之间存在电势差(类似水位差)，只要用电线连接A、B物体，就会有电流流动，即电流从电势高的带正电体A向电势低的带负电体B流动

图 1-4 　直流电路中电流和电压的关系

图1-4 为直流电路中电流和电压的关系。

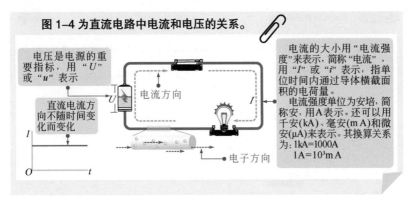

电压是电源的重要指标，用 "U" 或 "u" 表示

电流方向

直流电流方向不随时间变化而变化

电流的大小用 "电流强度" 来表示，简称 "电流"，用 "I" 或 "i" 表示，指单位时间内通过导体横截面积的电荷量。

电流强度单位为安培，简称安，用A表示。还可以用千安(kA)、毫安(mA)和微安(μA)来表示。其换算关系为：1kA=1000A

$1A=10^3mA$

电子方向

　　通常，直流电路的工作状态可分为三种：有载状态、开路状态和短路状态。

❶ 直流电路的有载状态

图 1-5 　直流电路的有载状态

　　如图 1-5 所示，直流电路的有载状态是指该电路可以构成电流的通路，可为负载提供电源，使其能够正常工作的一种状态。

若开关S闭合，即将照明灯和电池接通，则此电路就处于有载工作状态。通常电池的电压和内阻是一定的，因此负载照明灯的电阻值 R_L 越小，电流 I 越大。R_L 表示照明灯的电阻，r 表示电池的内阻，E 表示电源电动势

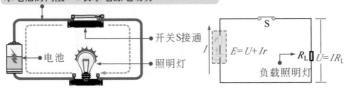

开关S接通

电池

照明灯

$E=U+Ir$

R_L　$U=IR_L$

负载照明灯

❷ 直流电路的开路状态

图 1-6　直流电路的开路状态

如图 1-6 所示，直流电路的开路状态是指该电路没有闭合，电路处于断开的一种状态，此时没有电流流过。

将开关S断开，这时电路处于开路(也称空载)状态。开路时，电路的电阻对电源来说为无穷大，因此电路中的电流为零，这时电源的端电压U(称为开路电压或空载电压)，等于电源电动势E

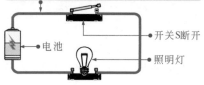

开关S断开

照明灯

电池

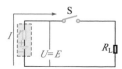

❸ 直流电路的短路状态

图 1-7　直流电路的短路状态

如图 1-7 所示，直流电路的短路状态是指该电路中没有任何负载，电源线直接相连，该情况通常会造成电器损坏或火灾的情况。

在电路中将负载短路，电源的负载几乎为零，根据欧姆定律$I=U/R$，理论上电流会无穷大，电池或导线会因过大的电流而损坏

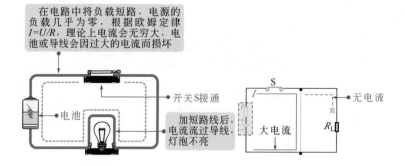

电池

开关S接通

加短路线后，电流流过导线，灯泡不亮

无电流

大电流

R_L

1.1.2　交流电路的特点

交流电路是指电压和电流的大小与方向随时间作周期性变化的电路，是由交流电源、控制器件和负载（电阻、灯泡、电动机等）构成的。

图 1-8　典型的交流电路模型

如图 1-8 所示，常见的交流电路主要有单相交流电路和三相交流电路两种。

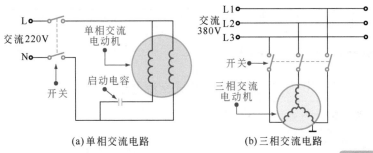

(a) 单相交流电路　　　　(b) 三相交流电路

① 单相交流电路

单相交流电路是指交流 220V/50Hz 的供电电路。这是我国公共用电的统一标准，交流 220V 电压是指相线（火线）对零线的电压，一般的家庭用电电路都是单相交流电路。单相交流电路主要有单相两线式、单相三线式两种。

图 1-9　典型的单相两线式交流电路

图 1-9 为典型的单相两线式交流电路。

单相两线式交流电路是指由一根相线(火线)和一根零线组成的交流电路。从三相三线高压输电线上取其中的两线送入柱上高压变压器的输入端，经高压变压器变压处理后，由二次侧输出端(相线与零线)向家庭照明线路输出220V电压

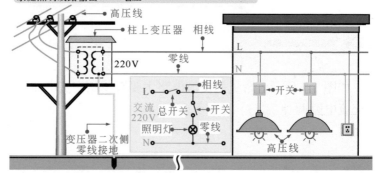

图 1-10　典型的单相三线式交流电路

图 1-10 为典型的单相三线式交流电路。

单相三线式交流电路是指由一根相线(火线)、一根零线和一根地线组成的交流电路

用户的相线和零线来自高压变压器，地线是住宅的接地线。由于不同的接地点存在一定的电位差，因而零线与地线之间可能有一定的电压

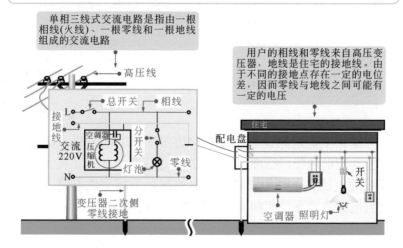

② 三相交流电路

　　三相交流电路是指电源由三条相线来传输，三相线之间的电压大小相等，都为380V；频率相同，都为50Hz；每根相线与零线之间的电压为220V。

　　三相交流电路主要有三相三线式、三相四线式和三相五线式三种。

图 1-11　典型的三相三线式交流电路

　　图 1-11 为典型的三相三线式交流电路。

　　三相三线式交流电路是指由变压器引出三根相线，为负载设备供电。高压电经柱上变压器变压后，由变压器引出三根相线，为工厂中的电气设备供电，两根相线之间的电压为380V

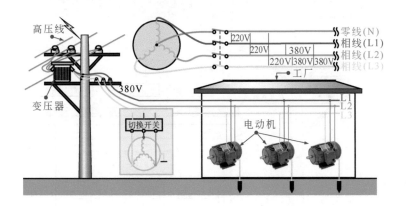

图 1-12 典型的三相四线式交流电路

图 1-12 为典型的三相四线式交流电路。

三相四线式交流电路是指由变压器引出四根线。其中,三根为相线,另一根中性线为零线。中性线接电动机三相绕组的中点,电气设备接零线工作时,电流经过电气设备做功,没有做功的电流可经零线回到电厂,对电气设备起到保护作用

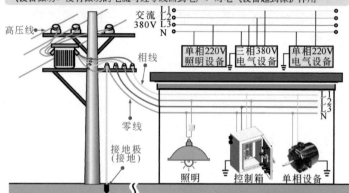

图 1-13 典型的三相五线式交流电路

图 1-13 为典型的三相五线式交流电路。

三相五线式交流电路在三相四线式交流电路的基础上增加了一条地线(PE),与本地的大地相连,起保护作用。所谓的保护零线也就是接地线

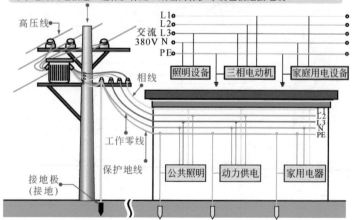

1.2 电工电路中的电路标识

1.2.1 电子元器件的电路标识

电子元器件是构成电工电路中的基本要素，在电路中常见的电子元器件有很多种，且每种电子元器件都用其自己的图形符号进行标识。

图 1-14 电子元器件在典型电路中的标识

图 1-14 为典型的光控照明电工实用电路，根据识读图中电子元器件的图形符号含义，可建立起与实物电子元器件的对应关系，这是学习识图过程的第一步。

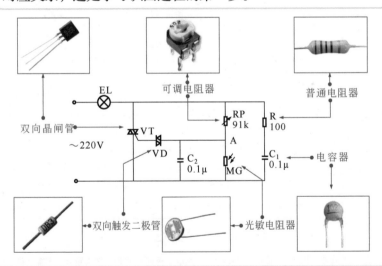

"⟍⟋" 图形符号在电路中表示双向晶闸管，用字母"VT"标识，在电路中用于调节电压、电流或用作交流无触点开关，具有一旦导通，即使失去触发电压，也能继续保持导通状态的特点。

"⎓" 图形符号在电路中表示双向触发二极管，用字母"VD"标识，在电路中常用来触发双向晶闸管，或用于过压保护、定时等。

　　"⎯⇗⎯"或"⎯⇙⎯" 图形符号在电路中表示可调电阻器（可变电阻器），用字母"RP"标识，在电路中可用于通过调整其阻值改变电路中的相关参数。

　　"⎯⇙⎯" 图形符号在电路中表示光敏电阻器，用字母"MG"标识，在电路中可通过感知光线变化，自身阻值发生变化，从而引起电路参数改变，一般多为光敏传感器使用。

　　"⎯□⎯" 图形符号在电路中表示普通电阻器，用字母"R"标识，在电路中起到限流、降压等作用。

　　"⊥⊤" 图形符号在电路中表示普通电容器，用字母"C"标识，它是一种电能储存元件，在电路中起到滤波等作用，且具有允许交流通过，阻止直流电流通过的特性。

　　电工电路中常用电子元器件主要有电阻器、电容器、电感器、二极管、三极管、场效应晶体管和晶闸管等，其对应的图形符号见表 1-1 所列。

表1-1　电工电路中常见电子元器件的图形符号

类型	名称和图形符号				
电阻器	普通电阻器	熔断电阻器	熔断器	可变电阻器或电位器	
	光敏电阻器	热敏电阻器	压敏电阻器	湿敏电阻器	气敏电阻器
电容器	普通电容器	电解电容器	微调电容器	单联可调电容器	双联可调电容器
电感器	普通电感器	带磁芯的电感器	可调电感器	带抽头的电感器	
二极管	普通二极管	发光二极管	光敏二极管和光电二极管	单向击穿二极管（稳压二极管）	变容二极管
	双向二极管	热敏二极管	双向击穿二极管（双向稳压管）		

续表

类型	名称和图形符号			
三极管	NPN三极管	PNP三极管	光敏三极管	IGBT管
场效应晶体管	N沟道结型场效应晶体管	N沟道增强型场效应晶体管	N沟道耗尽型场效应晶体管	
	P沟道结型场效应晶体管	P沟道增强型场效应晶体管	P沟道耗尽型场效应晶体管	耗尽型双栅P沟道场效应晶体管
晶闸管	阳极侧受控单向晶闸管	阴极侧受控单向晶闸管	可关断晶闸管（阳极受控）	可关断晶闸管（阴极受控）	双向晶闸管

1.2.2　低压电气部件的电路标识

　　低压电气部件是指应用于低压供配电线路中的电气部件，在电工电路中，低压电气部件的应用十分广泛，不同的低压电气部件可根据相应的图形符号识别。

图 1-15　低压电气部件在电路中的标识

　　如图 1-15 所示，在典型三相交流电动机启停控制电路中，根据图中电气部件的图形符号含义，建立起与实际产品（器件）的对应关系，并根据各低压电气部件的功能和特点，了解其电路的机理，为识读整个电路的信号流程做好准备。

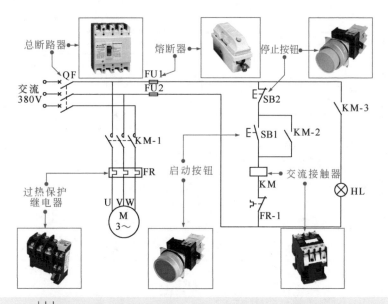

"" 图形符号在电路中表示总断路器,用字母"QF"标识,在电路中主要用于接通或切断电源,这种开关具有过载、短路或欠压保护的功能,常用于不频繁接通和切断电路中。

"" 图形符号在电路中表示熔断器,用字母"FU"标识,在电路中用于过载、短路保护。

"" 图形符号在电路中表示过热保护继电器,用字母"FR"标识,在电路中用于电动机的过热保护,具有线路过热自动断开的功能。

"" 图形符号在电路中表示交流接触器,用字母"KM"标识,通过线圈的得电,触点动作,接通电动机的三相电源,启动电动机工作。

"" 图形符号在电路中表示启动按钮(不闭锁的常开按钮):用字母"SB"标识,用于电动机的启动控制。

"" 停止按钮(不闭锁的常闭按钮):用字母"SB"标识,用于电动机的停机控制。

电工电路中常用的低压电气部件主要包括交直流接触器、各种继电器、低压开关等,常见的几种低压电气部件图形符号见表1-2所列。

表1-2 电工电路中常见低压电气部件的图形符号

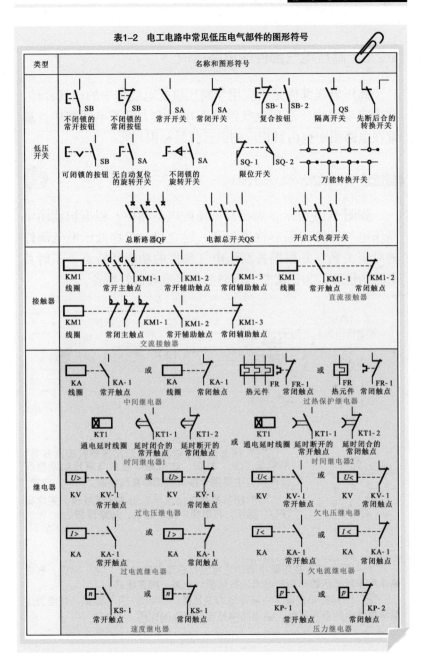

1.2.3　高压电气部件的电路标识

高压电气部件是指应用于高压供配电线路中的电气部件，在电工电路中，高压电气部件都用于电力供配电线路中，通常在电路图中也由其相应的图形符号标识。

图 1-16　高压电气部件在电工电路中的标识

如图 1-16 所示，典型高低压配电电路中，根据识读图中高压电气部件的图形符号含义，建立起与实物低压电气部件的对应关系，并根据各高压电气部件的功能和特点，了解其电路的机理，为识读整个电路的信号流程做好准备。

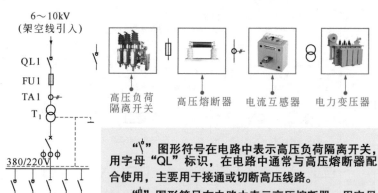

"🔘" 图形符号在电路中表示高压负荷隔离开关，用字母 "QL" 标识，在电路中通常与高压熔断器配合使用，主要用于接通或切断高压线路。

"🔘" 图形符号在电路中表示高压熔断器，用字母 "FU" 标识，在电路中用于过载、短路保护。

"🔘" 图形符号在电路中表示过电流互感器，用字母 "TA" 标识，在电路中用于对高压线路中的电流进行检测，也是一种变压器。

"🔘" 图形符号在电路中表示电力变压器，用字母 "T" 标识，是电力供配电电路中的变压器件，该电路中是起到降压的作用。

电路中常用的高压电气部件主要包括避雷器、高压熔断器（跌落式熔断器）、高压断路器、电力变压器、电流互感器、电压互感器等，其对应的图形符号见表1-3所列。

表1-3 电工电路中常见高压电气部件的图形符号

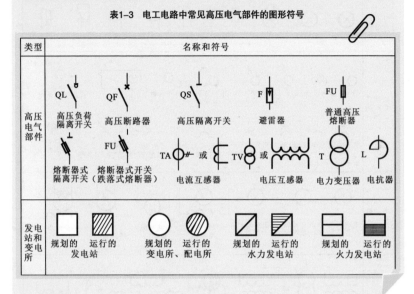

1.2.4 电工线路中的其他图形符号

在电工电路中还常常绘制有具有专门含义的图形符号，认识这些符号对于快速和准确理解电路图十分必要。

在识读电工电路过程中，还常常会遇到各种各样的功能部件的图形符号，用于标识其所代表的物理部件，例如各种电声器件、灯控或电控开关、信号器件、电动机、普通变压器等，见表1-4所列，学习识图时，需要首先认识这些功能部件的图形符号，否则电路将无法理解。

表1-4　电工电路中其他常见的图形符号

类型	名称和图形符号
灯和电声器件	⊗照明灯　⊗指示灯　⊗闪光灯　电喇叭　电铃　蜂鸣器　报警器　电动汽笛　扬声器
灯控开关和插座	开关　带指示灯的开关　双极开关　单极拉线开关　单极限时开关　双控单极开关　定时开关　传声器（声控开关中用） 电源插座　多个(电源)插座　带保护级的(电源)插座　带滑动防护板的(电源)插座　带单极的(电源)插座　带联锁开关的(电源)插座　触摸金属片（触摸开关用）
电动机	电动机的一般符号　直流电动机的一般符号　步进电动机的一般符号　直流并励电动机　直流串励电动机　三相笼式感应电动机　单相同步电动机
变压器	变压器的一般符号　　双绕组变压器　　三绕组变压器　　自耦变压器
导线和连接	软连接线　屏蔽导线　同轴电缆　端子连接点　导线的连接　导线的不连接　插头和插座
交直流	直流　交流　交直流　具有交流分量的整流电路　电源正极　电源负极
仪器仪表	仪器仪表一般符号　电流表(A)　电压表(V)　功率表(W)　检流计　电度表(Wh)

1.3 电气元件的连接关系

1.3.1 电气元件的串联关系

如果电路中两个或多个负载首尾相连，那么称它们的连接状态是串联的，该电路即称为串联电路。

图 1-17 电气元件的串联关系

如图 1-17 所示，在串联电路中，通过每个负载的电流量是相同的，且串联电路中只有一个电流通路，当开关断开或电路的某一点出现问题时，整个电路将处于断路状态，因此当其中一盏灯损坏后，另一盏灯的电流通路也被切断，该灯不能点亮。

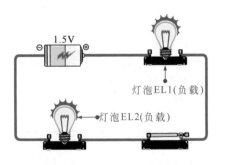

当开关闭合时，电流可通，灯泡点亮；当开关断开时，电流被切断，灯泡熄灭

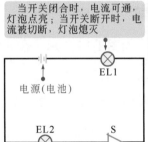

图 1-18 灯泡（负载）串联的电压分配

在串联电路中，流过每个负载的电流相同，各个负载分享电源电压，图 1-18 所示的电路中有三个相同的灯泡串联在一起，那么每个灯泡将得到 1/3 的电源电压量。每个串联的负载可分到的电压量与它自身的电阻有关，即自身电阻较大的负载会得到较大的电压值。

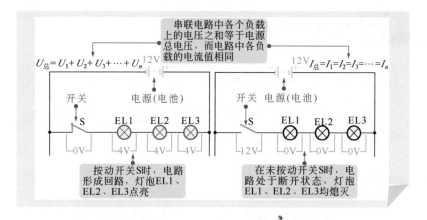

$U_总=U_1+U_2+U_3+\cdots+U_n$ 12V

串联电路中各个负载上的电压之和等于电源总电压，而电路中各负载的电流值相同

12V $I_总=I_1=I_2=I_3=\cdots=I_n$

按动开关S时，电路形成回路，灯泡EL1、EL2、EL3点亮

在未按动开关S时，电路处于断开状态，灯泡EL1、EL2、EL3均熄灭

1.3.2　电气元件的并联关系

两个或两个以上负载的两端都与电源两极相连，则称这种连接状态是并联的，该电路即为并联关系的电路。

图 1-19　电气元件的并联关系

如图 1-19 所示，在并联状态下，每个负载的工作电压都等于电源电压。不同支路中会有不同的电流通路，当支路某一点出现问题时，该支路将处于断路状态，照明灯会熄灭，但其他支路依然正常工作，不受影响。

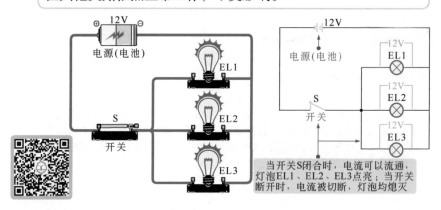

当开关S闭合时，电流可以流通，灯泡EL1、EL2、EL3点亮；当开关断开时，电流被切断，灯泡均熄灭

图 1-20　灯泡（负载）并联的电压分配

　　图 1-20 所示的电气元件并联电路中，每个负载的电压都相同，每个负载流过的电流则会因为它们阻值的不同而不同，电流值与电阻值成反比，即负载的阻值越大，流经负载的电流越小。

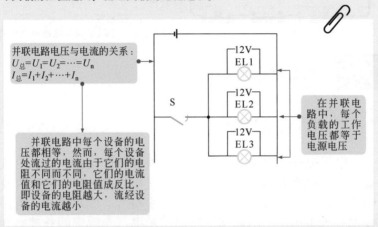

　　在并联电路中，每个负载相对其他负载都是独立的，即有多少个负载就有多少条电流通路。在两盏灯并联电路中，就有两条电流通路，当其中一个灯泡坏掉后，则该条电流通路不能工作，而另一条电流通路是独立的，并不会受到影响，因此另一个灯泡仍然能正常工作。

1.3.3　电气元件的混联关系

图 1-21　电气元件的混联关系

　　如图 1-21 所示，将电气元件串联和并联连接后构成的电路称为混联关系的电路。

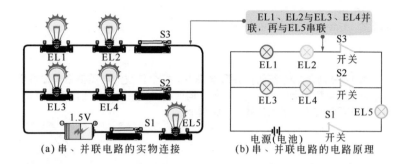

(a) 串、并联电路的实物连接　　　(b) 串、并联电路的电路原理

1.4 电工电路的识图方法

1.4.1 电工电路的特点

　　电工电路包含电力的传输、变换和分配电路，以及电气设备的供电和控制电路，这种电路是将线路的连接分配以及电路器件的连接和控制关系，用文字符号、图形符号、电路标记等表示出来。线路图及电路图是电气系统中的各种电气设备、装置及元器件的名称、关系和状态的工程语言，它是描述一个电气系统的功能和基本构成技术文件，是用于指导各种电工电路的安装、调试、维修必不可少的技术资料。

图 1-22　典型电工电路的特点

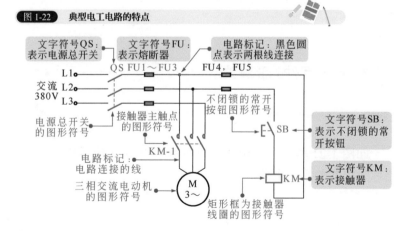

图1-22中，文字符号是电工电路中常用的一种字符代码，主要包括字母和数字，一般标注在电路中的电气设备、装置和元器件图形符号的近旁，以表示其名称、功能、状态或特征。

图形符号是代表电子元器件、功能部件等物理部件的符号，由物理部件对应的图样或简图体现。

电路标记是构成电路的线、圆点、虚线等。不同的图形符号之间由线连接，用以表示这些图形符号所代表物理部件间的连接关系；圆点和虚线等标记用于辅助电路的连接线表示确切的连接关系或范围。

1.4.2　电工电路的识图步骤

看电工电路，首先需要区分电路类型及用途或功能，从整体认识后，再通过熟悉各种电气元件的图形符号建立对应关系，然后结合电路特点寻找该电路中的工作条件、控制部件等，结合相应的电工、电子电路，电子元器件、电气元件功能和原理知识，理清信号流程，最终掌握电路控制机理或电路功能，完成识图过程。

识读电工电路可分为7个步骤，即：区分电路类型→明确用途→建立对应关系并划分电路→寻找工作条件→寻找控制部件→确立控制关系→理清信号流程，最终掌握控制机理和电路功能。

1 区分电路的类型

电工电路的类型有很多，根据其所表达的内容、包含的信息及组成元素的不同，一般可分为电工接线图和电工原理图。不同类型电路的识读原则和重点也不相同，因此当遇到电路图时，首先要看它属于哪种电路。

图 1-23　简单的电工接线图

　　图 1-23 为一张简单的电工接线图。可以看到，该电路图中用文字符号和图形符号标识出了系统中所使用的基本物理部件，用连接线和连接端子标识出了物理部件之间的实际连接关系和接线位置，该类图为电工接线图。

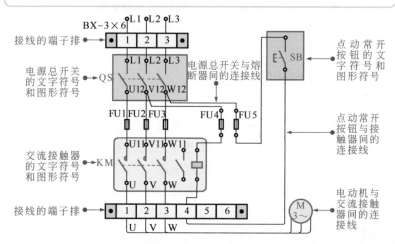

　　从图中可以看到，该电路图中也用文字符号和图形符号标识出了系统中所使用的基本物理部件，并用规则的导线进行连接，且除了标准的符号标识和连接线外，没有画出其他不必要的元件，该类图为电工接线图，其特点为：体现各组成物理部件的物理位置关系，并通过导线连接体现其安装和接线关系，可用于安装接线、线路检查、线路维修和故障处理等场合。

❷ 明确用途

　　明确电路的用途是指导识图的总纲领，即先从整体上把握电路的用途，明确电路最终实现的结果，以此作为指导识读总体思路。例如，在电动机的点动控制电路，抓住其中的"点动""控制""电动机"等关键信息，作为识图时的重要信息。

❸ 建立对应关系，划分电路

　　根据电路中的文字符号和图形符号标识，将这些简单的符号信息与实际物理部件建立起一一的对应关系，进一步明确电路所表达的含义，对读通电路关系十分重要。

图 1-24　建立电工电路中符号与实物对应关系

　　图 1-24 为前述简单的电工电路中符号与实物的对应关系。

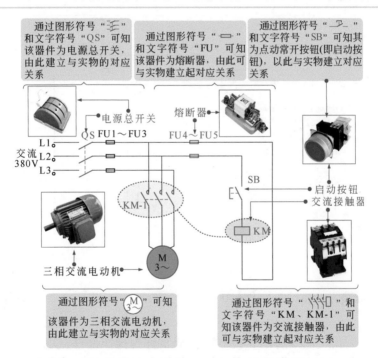

　　通常，当建立了对应关系、了解各符号所代表物理部件的含义后，还可根据物理部件自身的特点和功能对电路进行模块划分。特别是对于一些较复杂的电工电路，通过对电路进行模块划分，可十分明确地了解电路的结构。

④ 寻找工作条件

图 1-25 寻找电工电路中使物理部件工作的基本工作条件

如图 1-25 所示，当建立好电路中各种符号与实物的对应关系后，接下来则可通过所了解器件的功能寻找电路中的工作条件，工作条件具备时，电路中的物理部件才可以进入工作状态。

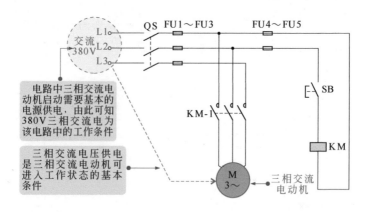

电路中三相交流电动机启动需要基本的电源供电，由此可知380V三相交流电为该电路中的工作条件

三相交流电压供电是三相交流电动机可进入工作状态的基本条件

⑤ 寻找控制部件

图 1-26 寻找电工电路中的控制部件

如图 1-26 所示，控制部件通常称为操作部件，电工电路中就是通过操作该类可操作的部件来对电路进行控制的，它是电路中的关键部件，也是控制电路中是否将工作条件接入电路中，或控制电路中的被控部件执行所需要动作的核心部件。识图时准确找到控制部件是识读过程中的关键。

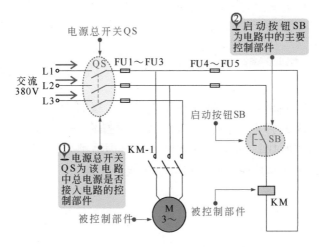

⑥ 确立控制关系

图 1-27　确立电工电路中的控制关系

如图 1-27 所示，找到控制部件后，接下来根据线路连接情况确立控制部件与被控制部件之间的控制关系，并将该控制关系作为理清该电路信号流程的主线。

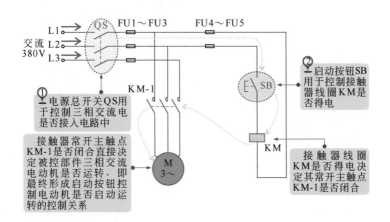

❼ 理清供电及控制信号流程

图 1-28 理清电工电路的控制信号流程

如图 1-28 所示，确立控制关系后，接着则可操作控制部件来实现其控制功能，并同时弄清每操作一个控制部件后，被控部件所执行的动作或结果，从而理清整个电路的信号流程，最终掌握其控制机理和电路功能。

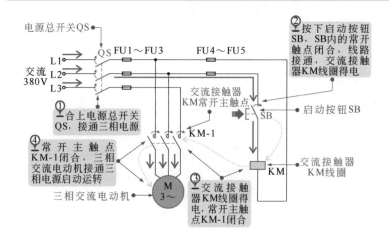

第2章
高压供配电电路识图

2.1.1 高压供配电电路的组成

高压供配电电路是指 6 ~ 10kV 的供电和配电线路，主要实现将电力系统中的 35 ~ 110kV 的供电电压降低为 6 ~ 10kV 的高压配电电压，并供给高压配电所、车间变电所和高压用电设备等。

图 2-1　高压供配电电路的组成

如图 2-1 所示，高压供配电电路主要由高压供配电线路和各种高压供配电设备构成。

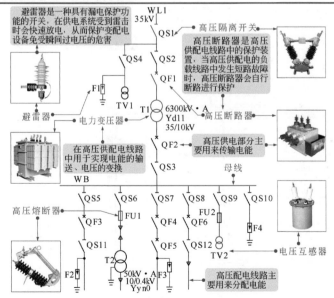

避雷器是一种具有漏电保护功能的开关，在供电系统受到雷击时会快速放电，从而保护变配电设备免受瞬间过电压的危害

高压隔离开关

高压断路器是高压供配电线路中的保护装置，当高压供配电的负载线路中发生短路故障时，高压断路器会自行断路进行保护

避雷器

电力变压器

在高压供配电线路中用于实现电能的输送、电压的变换

高压断路器

高压供电部分主要用来传输电能

母线

高压熔断器

电压互感器

高压配电线路主要用来分配电能

WL1
35kV
QS1
QS4　QS2
F1　QF1
TV1　T1　6300kV·A
Yd11
35/10kV
QF2
QS3
WB
QS5　QS6　QS7　QS8　QS9　QS10
QF3　FU1　QF4　FU2　QF6　F4
QS11　QF5　QS12
T2　TV2
F2　50kV·A　F3
10/0.4kV
Yyn0

单线连接表示高压电气设备的一相连接方式，而另外两相则被省略，这是因为三相高压电气设备中三相接线方式相同，即其他两相接线与这一相接线相同。这种高压供配电线路的单线电路图，主要用于供配电线路的规划与设计、有关电气数据的计算、选用、日常维护、切换回路等的参考，了解一相线路，就等同于知道了三相线路的结构组成等信息。

2.1.2 高压供配电电路的控制关系

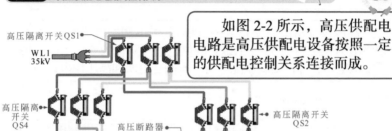

图 2-2 高压供配电电路的控制关系

如图 2-2 所示，高压供配电电路是高压供配电设备按照一定的供配电控制关系连接而成。

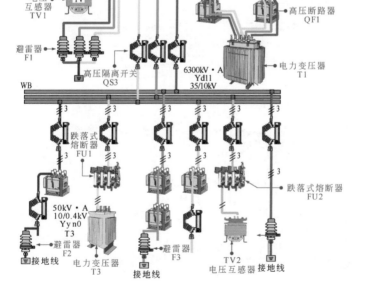

2.2　高压变电所供配电电路的识读

2.2.1　高压变电所供配电电路的结构与功能

> 高压变电所供配电电路是将 35kV 电压进行传输并转换为 10kV 高压，再进行分配与传输的线路，在传输和分配高压电的场合十分常见，如高压变电站、高压配电柜等线路。

图 2-3　高压变电所供配电电路的结构与功能

> 如图 2-3 所示，高压变电所供配电电路主要由母线 WB1、WB2 及连接在两条母线上的高压设备和配电线路构成。

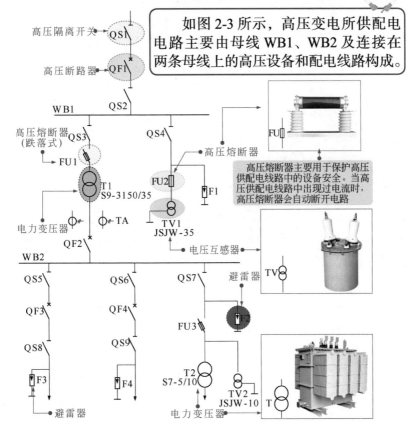

高压隔离开关　QS1

高压断路器　QF1

WB1　QS2

高压熔断器（跌落式）QS3

FU1

高压熔断器

QS4

FU2

F1

T1 S9-3150/35

电力变压器　　TA

QF2

TV1 JSJW-35

电压互感器

WB2

QS5　QS6　QS7　避雷器

QF3　QF4

FU3

QS8　QS9

F3　F4

T2 S7-5/10

TV2 JSJW-10

避雷器　　电力变压器

FU

> 高压熔断器主要用于保护高压供配电线路中的设备安全。当高压供配电线路中出现过电流时，高压熔断器会自动断开电路

TV

T

2.2.2 高压变电所供配电电路的识读分析

图 2-4 高压变电所供配电电路的识读分析

如图 2-4 所示，识读高压变电所高压供配电电路，主要应根据电路中各部件的功能特点和连接关系，分析和理清电气部件之间的控制和供电关系。

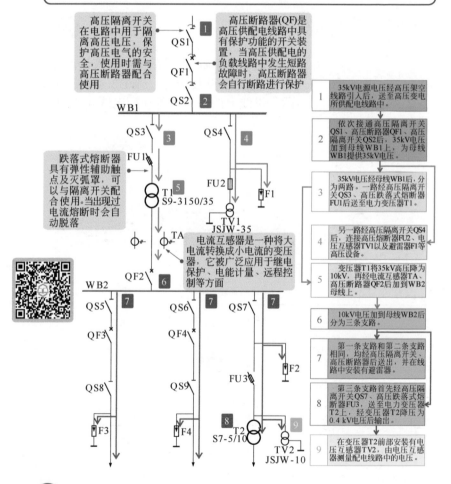

高压隔离开关在电路中用于隔离高压电压，保护高压电气的安全，使用时需与高压断路器配合使用

高压断路器(QF)是高压供配电线路中具有保护功能的开关装置，当高压供配电的负载线路中发生短路故障时，高压断路器会自行断路进行保护

跌落式熔断器具有弹性辅助触点及灭弧罩，可以与隔离开关配合使用。当出现过电流熔断时会自动脱落

电流互感器是一种将大电流转换成小电流的变压器，它被广泛应用于继电保护、电能计量、远程控制等方面

1　35kV电源电压经高压架空线路引入后，送至高压变电所供配电线路中。

2　依次接通高压隔离开关QS1、高压断路器QF1、高压隔离开关QS2后，35kV电压加到母线WB1上，为母线WB1提供35kV电压。

3　35kV电压经母线WB1后，分为两路。一路经高压隔离开关QS3、高压跌落式熔断器FU1后送至电力变压器T1。

4　另一路经高压隔离开关QS4后，连接高压熔断器FU2、电压互感器TV1以及避雷器F1等高压设备。

5　变压器T1将35kV高压降为10kV，再经电流互感器TA、高压断路器QF2后加到WB2母线上。

6　10kV电压加到母线WB2后分为三条支路。

7　第一条支路和第二条支路相同，均经高压隔离开关、高压断路器后送出，并在线路中安装有避雷器。

8　第三条支路首先经高压隔离开关QS7、高压跌落式熔断器FU3，送至电力变压器T2上，经变压器T2降压为0.4 kV电压后输出。

9　在变压器T2前部安装有电压互感器TV2，由电压互感器测量配电线路中的电压。

2.3 工厂35kV中心变电所供配电电路的识读

2.3.1 工厂35kV中心变电所供配电电路的结构与功能

图 2-5 工厂 35kV 中心变电所供配电电路的结构和功能特点

如图 2-5 所示，工厂 35kV 中心变电所供配电线路适用于高压电力的传输，可将 35kV 的高压电经变压器后变为 10kV 电压，再送往各个车间的 10kV 变电室中，为车间动力、照明及电气设备供电；再将 10kV 电压降到 380/220V，送往办公室、食堂、宿舍等公共用电场所。

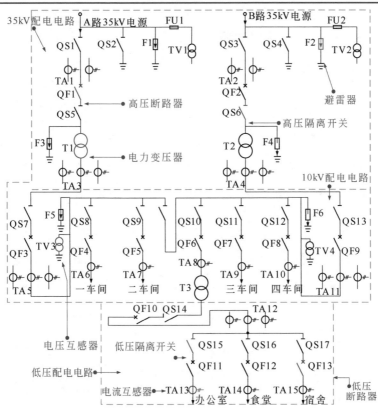

2.3.2　工厂35kV中心变电所供配电电路的识读分析

图 2-6　工厂 35kV 中心变电所供配电电路的识读分析

如图 2-6 所示，根据电路中主要电气部件的功能，可以对 35kV 变配电和 10kV 变配电的工作流程以及低压变配电线路进行识读。

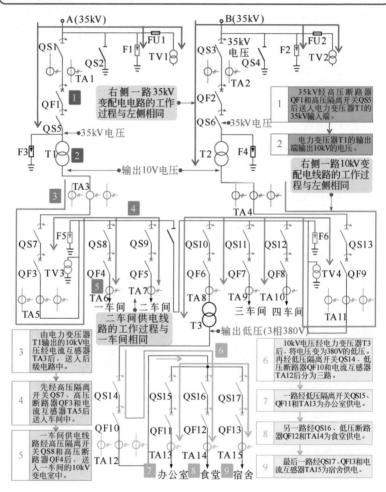

右侧一路 35kV 变配电电路的工作过程与左侧相同

1　35kV经高压断路器QF1和高压隔离开关QS5后送入电力变压器T1的35kV输入端。

2　电力变压器T1的输出端输出10kV的电压。

右侧一路 10kV 变配电线路的工作过程与左侧相同

二车间供电线路的工作过程与一车间相同

3　由电力变压器T1输出的10kV电压经电流互感器TA3后，送入上级电路中。

4　先经高压隔离开关QS7、高压断路器QF3和电流互感器TA5后送入车间中。

5　一车间供电线路经高压隔离开关QS8和高压断路器QF4后，送入一车间的10kV变电室中。

6　10kV电压经电力变压器T3后，将电压变为380V的低压。再经低压隔离开关QS14、低压断路器QF10和电流互感器TA12后分为三路。

7　一路经低压隔离开关QS15、QF11和TA13为办公室供电。

8　另一路经QS16、低压断路器QF12和TA14为食堂供电。

9　最后一路经QS17、QF13和电流互感器TA15为宿舍供电。

2.4 深井高压供配电电路的识读

2.4.1 深井高压供配电电路的结构与功能

图 2-7　深井高压供配电电路的结构与功能

　　如图 2-7 所示，深井高压供配电电路是一种应用在矿井、深井等工作环境下的高压供配电线路，在线路中使用高压隔离开关、高压断路器等对线路的通断进行控制，母线可以将电源分为多路，为各设备提供工作电压。

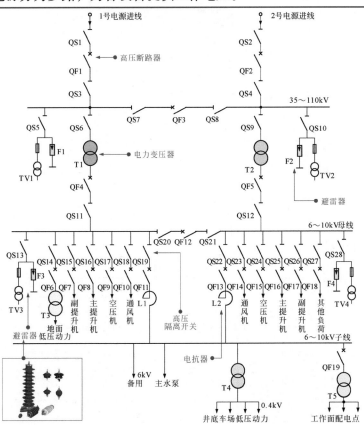

2.4.2 深井高压供配电电路的识读分析

图 2-8 深井高压供配电电路的识读分析

图 2-8 为深井高压供配电电路的识读分析过程。

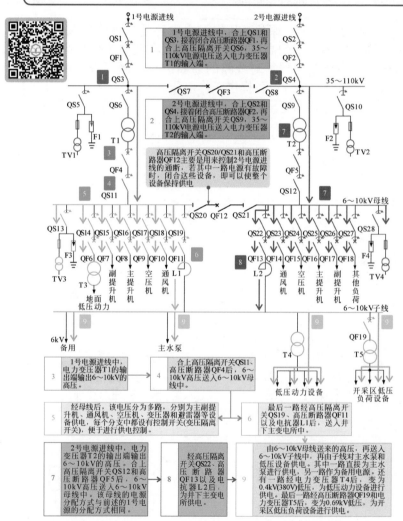

2.5　楼宇变电所高压供配电电路的识读

2.5.1　楼宇变电所高压供配电电路的结构与功能

图 2-9　楼宇变电所高压供配电电路的结构和功能

　　如图 2-9 所示，楼宇变电所高压供配电电路应用在高层住宅小区或办公楼中，其内部采用多个高压开关设备对线路的通、断进行控制，从而为高层的各个楼层供电。

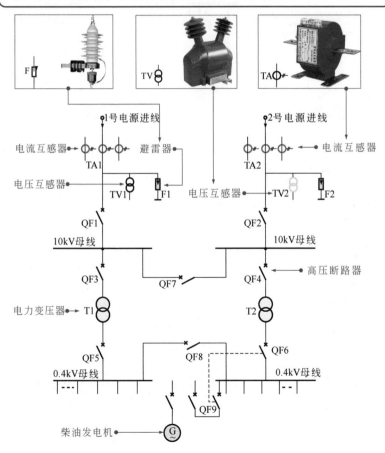

2.5.2　楼宇变电所高压供配电电路的识读分析

图 2-10　楼宇变电所高压供配电电路的识读分析

图 2-10 为楼宇变电所高压供配电电路的识读分析。

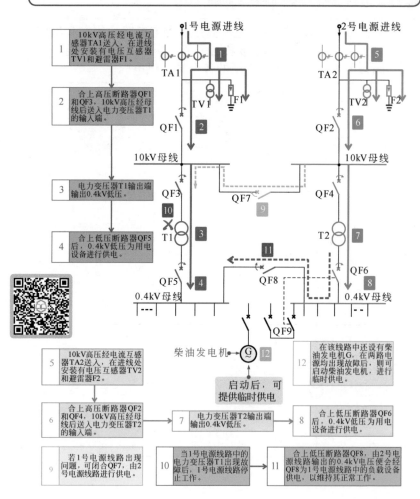

1 10kV高压经电流互感器TA1送入，在进线处安装有电压互感器TV1和避雷器F1。

2 合上高压断路器QF1和QF3，10kV高压经母线后送入电力变压器T1的输入端。

3 电力变压器T1输出端输出0.4kV低压。

4 合上低压断路器QF5后，0.4kV低压为用电设备进行供电。

1号电源进线　2号电源进线

5 10kV高压经电流互感器TA2送入，在进线处安装有电压互感器TV2和避雷器F2。

6 合上高压断路器QF2和QF4，10kV高压经母线后送入电力变压器T2的输入端。

7 电力变压器T2输出端输出0.4kV低压。

8 合上低压断路器QF6后，0.4kV低压为用电设备进行供电。

柴油发电机　启动后，可提供临时供电

9 若1号电源线路出现问题，可闭合QF7，由2号电源线路进行供电。

10 当1号电源线路中的电力变压器T1出现故障后，1号电源线路停止工作。

11 合上低压断路器QF8，由2号电源线路输出的0.4kV电压便会经QF8为1号电源线路中的负载设备供电，以维持其正常工作。

12 在该线路中还设有柴油发电机G，在两路电源均出现故障后，则可启动柴油发电机，进行临时供电。

第3章
低压供配电电路识图

3.1 低压供配电电路的特点

3.1.1 低压供配电电路的组成

图 3-1　低压供配电电路的结构组成

> 如图 3-1 所示，低压供配电线路是指 380/220V 的供电和配电线路，主要实现对交流低压的传输和分配。

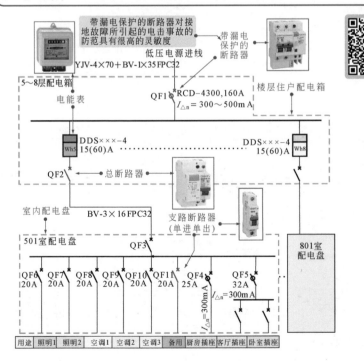

带漏电保护的断路器对接地故障所引起的电击事故的防范具有很高的灵敏度

带漏电保护的断路器

低压电源进线
YJV-4×70+BV-1×35 FPC32

5～8层配电箱

楼层住户配电箱

电能表

QF1 RCD-4300,160A
$I_{\triangle n}=300\sim500mA$

DDS×××-4
15(60)A Wh5

DDS×××-4
15(60)A Wh8

QF2　　总断路器

室内配电盘

BV-3×16 FPC32

支路断路器
(单进单出)

801室配电盘

501室配电盘　　QF3

| 用途 | 照明1 | 照明2 | 空调1 | 空调2 | 空调3 | 备用 | 厨房插座 | 客厅插座 | 卧室插座 |

QF6 20A　QF7 20A　QF8 20A　QF9 20A　QF10 20A　QF11 20A　QF4 25A $I_{\triangle n}=300mA$　QF5 32A $I_{\triangle n}=300mA$

3.1.2 低压供配电电路的控制关系

图 3-2 低压供配电电路的控制关系

如图 3-2 所示，低压供配电电路是各种低压供配电设备按照一定的供配电控制关系连接而成，具有将供电电源向后级层层传递的特点。

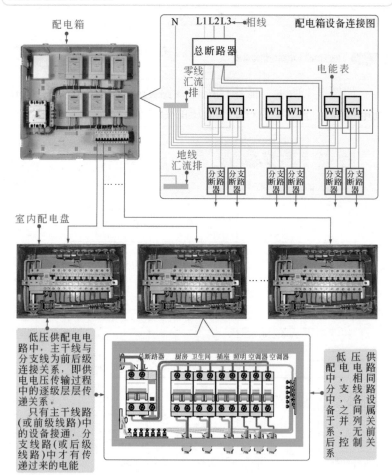

低压供配电电路中，主干线与分支线为前后级连接关系，即供电电压传输过程中的逐级层层传递关系。

只有主干线路（或前级线路）中的设备接通，分支线路（或后级线路）中才有传递过来的电能

供配电电路同属关系前级供电，压电相线各间列无制低压配电中分支，之并，控制于系后级关系

3.2　楼宇低压供配电电路的识读

3.2.1　楼宇低压供配电电路的结构与功能

图 3-3　**楼宇低压供配电电路的结构与功能特点**

如图 3-3 所示，楼宇低压供配电电路是一种典型的低压供配电线路，一般由高压供配电电路经变压器降压后引入，经小区中的配电柜进行初步分配后，送到各个住宅楼单元中为住户供电，同时为整个楼宇内的公共照明、电梯、水泵等设备供电。

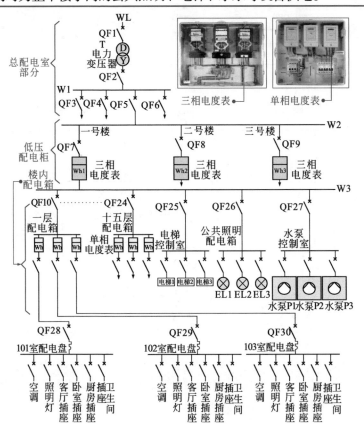

3.3.2 楼宇低压供配电电路的识读分析

图 3-4 楼宇低压供配电电路的识读分析

如图 3-4 所示，根据电路中各部件的功能特点和连接关系，分析和理清电气部件之间的控制和供电关系。

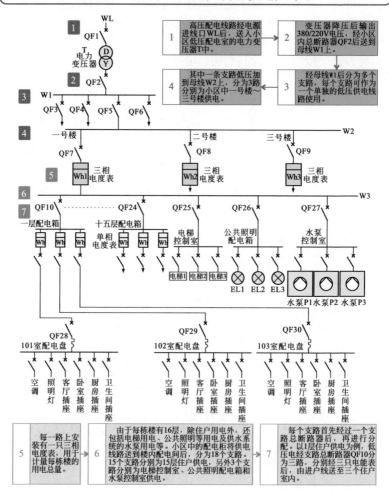

3.3 低压配电柜供配电电路的识读

3.3.1 低压配电柜供配电电路的结构与功能

图 3-5　低压配电柜供配电电路的结构与功能特点

> 　　如图 3-5 所示，低压配电柜供配电电路主要用来对低电压进行传输和分配，为低压用电设备供电。在该线路中，一路作为常用电源，另一路则作为备用电源，当两路电源均正常时，黄色指示灯 HL1、HL2 均点亮，若指示灯 HL1 不能正常点亮，则说明常用电源出现故障或停电，此时需要使用备用电源进行供电，使该低压配电柜能够维持正常工作。

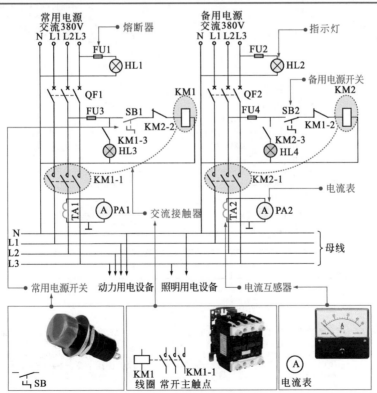

3.3.2 低压配电柜供配电电路的识读分析

图 3-6 低压配电柜供配电电路的识读分析

图 3-6 为低压配电柜供配电电路的识读过程。

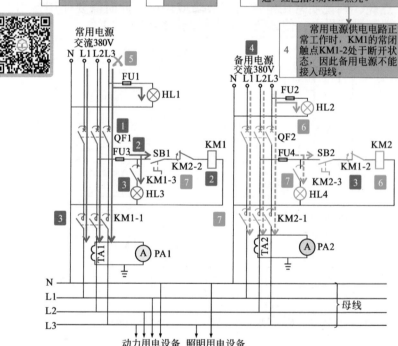

1 HL1亮,常用电源正常。合上断路器QF1,接通三相电源。

2 接通开关SB1,交流接触器KM1线圈得电。

3 KM1常开触点KM1-1接通,向母线供电;常闭触点KM1-2断开,防止备用电源接通,起联锁保护作用;常开触点KM1-3接通,红色指示灯HL3点亮。

4 常用电源供电电路正常工作时,KM1的常闭触点KM1-2处于断开状态,因此备用电源不能接入母线。

5 当常用电源出现故障或停电时,交流接触器KM1线圈失电,常开、常闭触点复位。

6 此时接通断路器QF2、开关SB2,交流接触器KM2线圈得电。

7 KM2常开触点KM2-1接通,向母线供电;常闭触点KM2-2断开,防止常用电源接通,起联锁保护作用;常开触点KM2-3接通,红色指示灯HL4点亮。

当常用电源恢复正常后，由于交流接触器 KM2 的常闭触点 KM2–2 处于断开状态，因此交流接触器 KM1 不能得电，常开触点 KM1–1 不能自动接通，此时需要断开开关 SB2 使交流接触器 KM2 线圈失电，常开、常闭触点复位，为交流接触器 KM1 线圈再次工作提供条件，此时再操作 SB1 才起作用。

3.4　低压设备供配电电路的识读

3.4.1　低压设备供配电电路的结构与功能

图 3-7　低压设备供配电电路的结构与功能特点

如图 3-7 所示，低压设备供配电电路是一种为低压设备供电的配电电路，6 ～ 10kV 的高压经降压器变压后变为交流低压，经开关为低压动力柜、照明设备或动力设备等提供工作电压。该电路主要由低压开关设备、电流 / 电压互感器等构成。

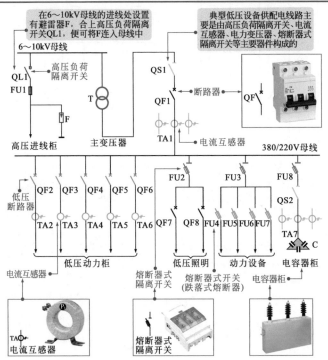

在6~10kV母线的进线处设置有避雷器F，合上高压负荷隔离开关QL1，便可将F连入母线中

典型低压设备供配电线路主要是由高压负荷隔离开关、电流互感器、电力变压器、熔断器式隔离开关等主要器件构成的

3.4.2 低压设备供配电电路的识读分析

图 3-8 低压设备供配电电路的识读分析

图 3-8 为低压设备供配电电路的识读分析。

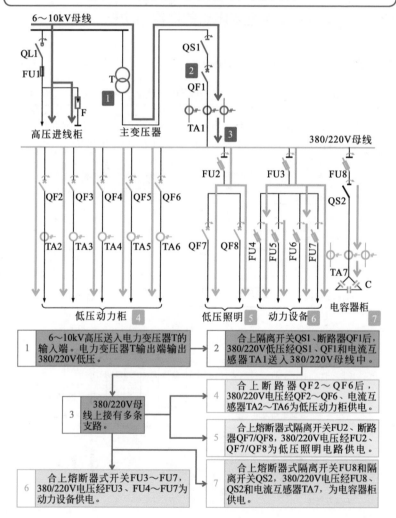

| 1 | 6～10kV高压送入电力变压器T的输入端。电力变压器T输出端输出380/220V低压。 | 2 | 合上隔离开关QS1、断路器QF1后，380/220V低压经QS1、QF1和电流互感器TA1送入380/220V母线中。 |

3	380/220V母线上接有多条支路。	4	合上断路器QF2～QF6后，380/220V电压经QF2～QF6、电流互感器TA2～TA6为低压动力柜供电。
		5	合上熔断器式隔离开关FU2、断路器QF7/QF8，380/220V电压经FU2、QF7/QF8为低压照明电路供电。
6	合上熔断器式开关FU3～FU7，380/220V电压经FU3、FU4～FU7为动力设备供电。	7	合上熔断器式隔离开关FU8和隔离开关QS2，380/220V电压经FU8、QS2和电流互感器TA7，为电容器柜供电。

3.5 低压动力线供配电电路的识读

3.5.1 低压动力线供配电电路的结构与功能

图 3-9 低压动力线供配电电路的结构与功能特点

如图 3-9 所示，低压动力线供配电电路是用于为低压动力用电设备提供 380V 交流电源的电路。该低压动力线供配电电路主要是由低压输入线路、低压配电箱、输出线路等部分构成的。

① 低压输入线路是交流电源的接入部分。

② 配电箱是低压配电线路中的重要部分，其主要是由带漏电保护的低压断路器 QF、启动按钮 SB2、停止按钮 SB1、过流保护继电器 KA、交流接触器 KM、限流电阻器 R1 ~ R3、指示灯 HL1 ~ HL3 等构成的。

③ 输出线路部分主要是用于连接低压用电设备。

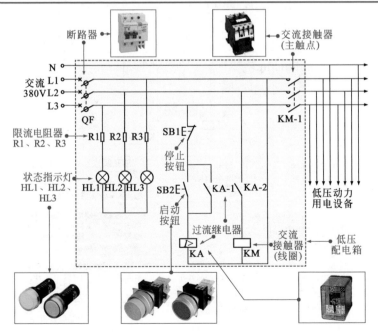

3.5.2 低压动力线供配电电路的识读分析

图 3-10 低压动力线供配电电路的识读分析

图 3-10 为低压动力线供配电电路的识读分析过程。

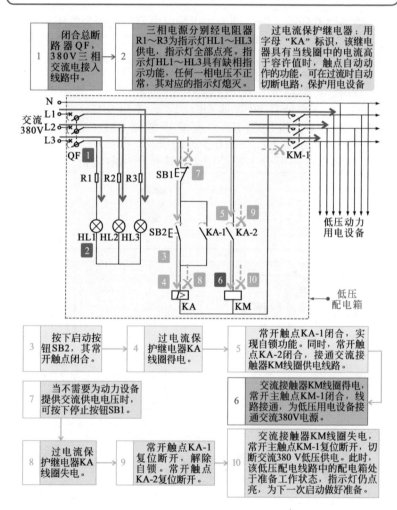

1　闭合总断路器 QF，380V 三相交流电接入线路中。

2　三相电源分别经电阻器 R1～R3 为指示灯 HL1～HL3 供电，指示灯全部点亮。指示灯 HL1～HL3 具有缺相指示功能，任何一相电压不正常，其对应的指示灯熄灭。

过电流保护继电器：用字母 "KA" 标识，该继电器具有当线圈中的电流高于容许值时，触点自动动作的功能，可在过流时自动切断电路，保护用电设备

3　按下启动按钮 SB2，其常开触点闭合。

4　过电流保护继电器 KA 线圈得电。

5　常开触点 KA-1 闭合，实现自锁功能。同时，常开触点 KA-2 闭合，接通交流接触器 KM 线圈供电线路。

6　交流接触器 KM 线圈得电，常开主触点 KM-1 闭合，线路接通，为低压用电设备接通交流380V 电源。

7　当不需要为动力设备提供交流供电电压时，可按下停止按钮 SB1。

8　过电流保护继电器 KA 线圈失电。

9　常开触点 KA-1 复位断开，解除自锁。常开触点 KA-2 复位断开。

10　交流接触器 KM 线圈失电，常开主触点 KM-1 复位断开，切断交流380 V 低压供电。此时，该低压配电线路中的配电箱处于准备工作状态，指示灯仍点亮，为下一次启动做好准备。

第4章
室内照明电路识图

4.1.1 室内照明电路的组成

图 4-1 室内照明电路的结构组成

　　如图 4-1 所示，室内灯控线路是指应用在室内场合，在室内自然光线不足的情况下，创造明亮环境的照明线路。该线路主要由控制开关和照明灯具等构成。

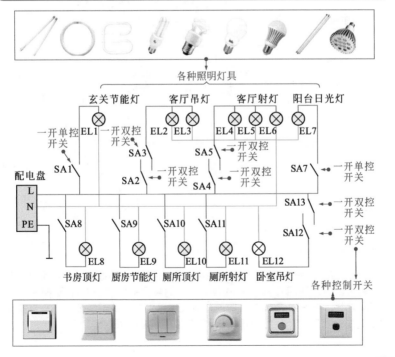

从零学电工电路识图一本通

4.1.2 室内照明电路的控制关系

图 4-2　室内照明电路的控制关系

　　如图 4-2 所示，室内照明电路主要由各种照明控制开关控制照明灯具的亮、灭；控制开关闭合或接通，照明灯点亮；控制开关断开，照明灯熄灭。

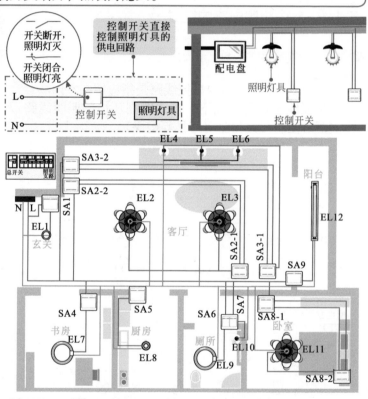

　　每一盏或每一组照明灯具均由相应的照明控制开关控制。当操作控制开关闭合时，照明灯具接通电源点亮。例如，书房顶灯 EL7 受控制开关 SA4 控制，当 SA4 断开时，照明灯具无电源供电，处于熄灭状态；当按动 SA4，其内部触点闭合，书房顶灯 EL7 接通供电电源点亮。

4.2 客厅异地联控照明电路的识读

4.2.1 客厅异地联控照明电路的结构与功能

图 4-3 客厅异地联控照明电路的结构与功能特点

如图 4-3 所示，客厅异地联控照明电路主要由两个一开双控开关和一盏照明灯构成，可实现家庭客厅照明灯的两地控制。

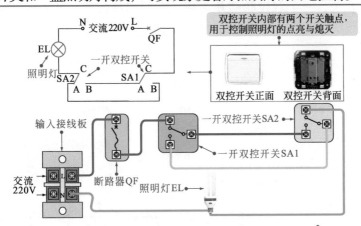

4.2.2 客厅异地联控照明电路的识读分析

图 4-4 客厅异地联控照明电路的识读分析

图 4-4 为客厅异地联控照明电路的识读分析过程。

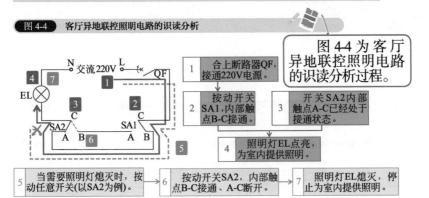

1 合上断路器QF，接通220V电源。

2 按动开关SA1，内部触点B-C接通。

3 开关SA2内部触点A-C已经处于接通状态。

4 照明灯EL点亮，为室内提供照明。

5 当需要照明灯熄灭时，按动任意开关(以SA2为例)。

6 按动开关SA2，内部触点B-C接通、A-C断开。

7 照明灯EL熄灭，停止为室内提供照明。

本通

4.3 卧室三地联控照明电路的识读

4.3.1 卧室三地联控照明电路的结构与功能

图 4-5 卧室三地联控照明电路的结构与功能特点

如图 4-5 所示，卧室三地联控照明电路主要由两个一开双控开关、一个双控联动开关和一盏照明灯构成，可实现卧室内照明灯床头两侧和进门处的三地控制。

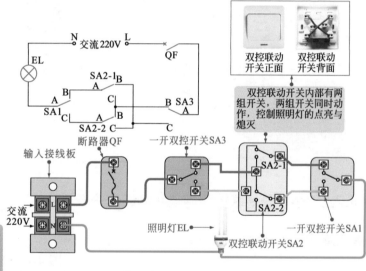

4.3.2 卧室三地联控照明电路的识读分析

图 4-6 卧室三地联控照明电路的识读分析

图 4-6 为卧室三地联控照明电路的识读分析过程。

050

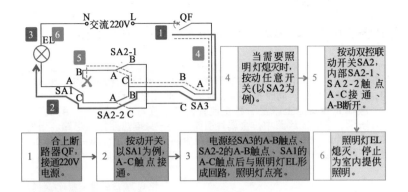

	当需要照明灯熄灭时，按动任意开关(以SA2为例)。		按动双控联动开关SA2，内部SA2-1、SA2-2触点A-C接通、A-B断开。
4		5	

| 1 | 合上断路器QF，接通220V电源。 | 2 | 按动开关，以SA1为例，A-C触点接通。 | 3 | 电源经SA3的A-B触点、SA2-2的A-B触点、SA1的A-C触点后与照明灯EL形成回路，照明灯点亮。 | 6 | 照明灯EL熄灭，停止为室内提供照明。 |

4.4　走廊触摸延时照明电路的识读

4.4.1　走廊触摸延时照明电路的结构与功能

图 4-7　走廊触摸延时照明电路的结构与功能特点

　　如图 4-7 所示，走廊触摸延时照明控制电路主要由触摸延时控制开关和照明灯构成。该电路中照明灯被点亮后，控制电路可持续工作一段时间，照明灯可继续点亮，然后自动熄灭。

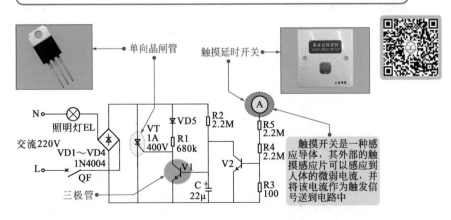

图 4-8　其他常见电感器的实物外形

　　在使用触摸延时开关时，只需轻触一下触摸元件，开关即导通工作，然后延时一段时间后自动关闭；非常便于走廊自动控制照明使用，既方便操控，又节能、环保，同时也可有效地延长照明灯的寿命。

　　触摸元件实际上就是一种金属片，其原理与试电笔基本相同，如图4-8所示。在灯控线路中，金属片引脚端经一只电阻器接入电路。当用手触摸金属片时，由于人体是导体，电路中的微弱电流经金属片、人体到地，相当于给电路一个触发信号，电路工作，控制照明灯点亮。

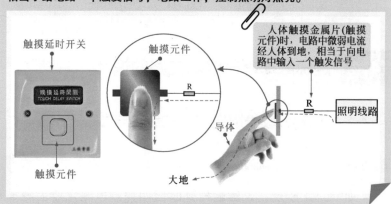

触摸延时开关
触摸元件
R
照明线路

人体触摸金属片(触摸元件)时，电路中微弱电流经人体到地，相当于向电路中输入一个触发信号

触摸元件
导体
大地

4.4.2　走廊触摸延时照明电路的识读分析

图 4-9　走廊触摸延时照明电路的识读分析

图 4-9 为走廊触摸延时照明电路的识读分析过程。

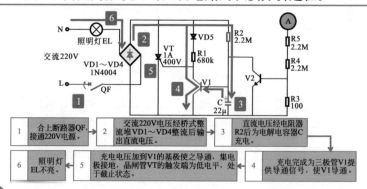

N
照明灯EL
交流220V
VD1～VD4
1N4004
L
QF
VT
1A
400V
VD5
R1
680k
R2
2.2M
V1
C
22μ
V2
A
R5
2.2M
R4
2.2M
R3
100

1　合上断路器QF，接通220V电源。

2　交流220V电压经桥式整流堆VD1～VD4整流后输出直流电压。

3　直流电压经电阻器R2后为电解电容器C充电。

4　充电完成为三极管V1提供导通信号，使V1导通。

5　充电电压加到V1的基极使之导通，集电极接地，晶闸管VT的触发端为低电平，处于截止状态。

6　照明灯EL不亮。

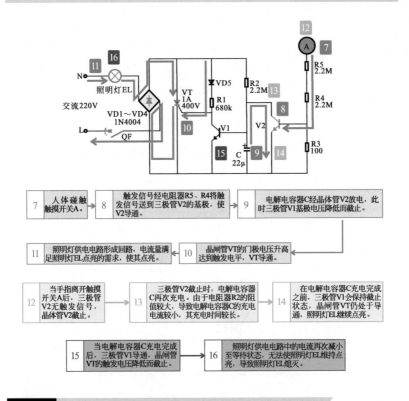

| 7 | 人体碰触触摸开关A。 | → | 8 | 触发信号经电阻器R5、R4将触发信号送到三极管V2的基极，使V2导通。 | → | 9 | 电解电容器C经晶体管V2放电，此时三极管V1基极电压降低而截止。 |

| 11 | 照明灯供电电路形成回路，电流量满足照明灯EL点亮的需求，使其点亮。 | ← | 10 | 晶闸管VT的门极电压升高达到触发电平，VT导通。 |

| 12 | 当手指离开触摸开关A后，三极管V2无触发信号，晶体管V2截止。 | → | 13 | 三极管V2截止时，电解电容器C再次充电。由于电阻器R2的阻值较大，导致电解电容器C的充电电流较小，其充电时间较长。 | → | 14 | 在电解电容器C充电完成之前，三极管V1会保持截止状态，晶闸管VT仍处于导通，照明灯EL继续点亮。 |

| 15 | 当电解电容器C充电完成后，三极管V1导通，晶闸管VT的触发电压降低而截止。 | → | 16 | 照明灯供电电路中的电流再次减小至等待状态，无法使照明灯EL维持点亮，导致照明灯EL熄灭。 |

4.5　卫生间门控照明电路的识读

4.5.1　卫生间门控照明电路的结构与功能

图 4-10　卫生间门控照明电路的结构与功能特点

　　如图 4-10 所示，卫生间门控照明电路主要由各种电子元器件构成的控制电路和照明灯构成。该电路是一种自动控制照明灯工作的电路，在有人开门进入卫生间时，照明灯自动点亮，当有人走出卫生间时，照明灯自动熄灭。

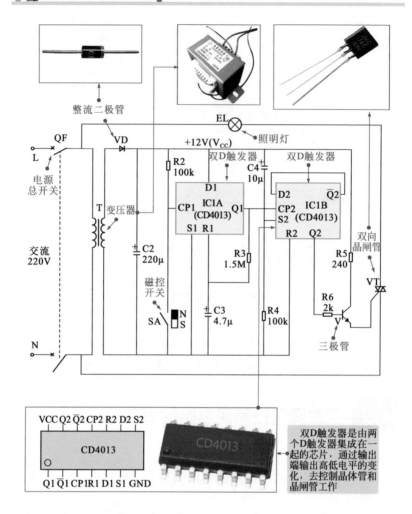

整流二极管

EL ⊗ ← 照明灯

QF

VD

+12V(Vcc)

双D触发器

双D触发器

L

电源总开关

R2 100k

C4 10μ

D1

D2 Q̄2

CP1 IC1A (CD4013) Q1

CP2 IC1B (CD4013)

S1 R1

S2

R2 Q2

双向晶闸管

交流 220V

T 变压器

C2 220μ

R3 1.5M

R5 240

VT

R6 2k

磁控开关

C3 4.7μ

R4 100k

V

N

SA N S

三极管

VCC Q2 Q̄2 CP2 R2 D2 S2

CD4013

双D触发器是由两个D触发器集成在一起的芯片，通过输出端输出高低电平的变化，去控制晶体管和晶闸管工作

Q1 Q̄1 CP1 R1 D1 S1 GND

4.5.2 卫生间门控照明电路的识读分析

图 4-11 卫生间门控照明电路的识读分析

图 4-11 为卫生间门控照明电路的识读分析过程。

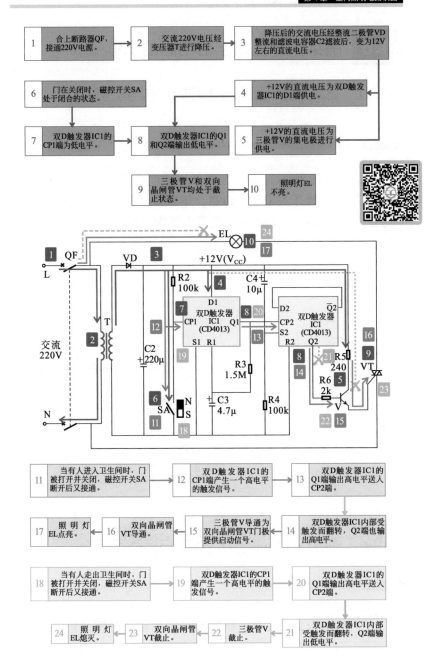

1　合上断路器QF，接通220V电源。

2　交流220V电压经变压器T进行降压。

3　降压后的交流电压经整流二极管VD整流和滤波电容器C2滤波后，变为12V左右的直流电压。

6　门在关闭时，磁控开关SA处于闭合的状态。

4　+12V的直流电压为双D触发器IC1的D1端供电。

7　双D触发器IC1的CP1端为低电平。

8　双D触发器IC1的Q1和Q2端输出低电平。

5　+12V的直流电压为三极管V的集电极进行供电。

9　三极管V和双向晶闸管VT均处于截止状态。

10　照明灯EL不亮。

11　当有人进入卫生间时，门被打开并关闭，磁控开关SA断开后又接通。

12　双D触发器IC1的CP1端产生一个高电平的触发信号。

13　双D触发器IC1的Q1端输出高电平送入CP2端。

17　照明灯EL点亮。

16　双向晶闸管VT导通。

15　三极管V导通为双向晶闸管VT门极提供启动信号。

14　双D触发器IC1内部受触发而翻转，Q2端也输出高电平。

18　当有人走出卫生间时，门被打开并关闭，磁控开关SA断开后又接通。

19　双D触发器IC1的CP1端产生一个高电平的触发信号。

20　双D触发器IC1的Q1端输出高电平送入CP2端。

24　照明灯EL熄灭。

23　双向晶闸管VT截止。

22　三极管V截止。

21　双D触发器IC1内部受触发而翻转，Q2端输出低电平。

4.6 蔬菜大棚低压照明电路的识读

4.6.1 蔬菜大棚低压照明电路的结构与功能

图 4-12 蔬菜大棚低压照明电路的结构与功能特点

> 如图 4-12 所示，蔬菜大棚低压照明电路主要由配电箱控制电路，控制开关 QS2、QS3，熔断器 FU2、FU3 及照明灯具等构成。该电路主要用于蔬菜大棚内部的照明。

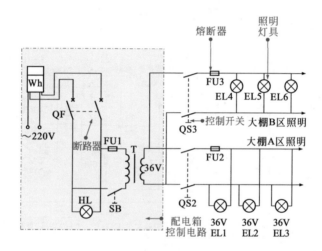

4.6.2 蔬菜大棚低压照明电路的识读分析

图 4-13 蔬菜大棚低压照明电路的识读分析

> 图 4-13 为蔬菜大棚低压照明电路的识读分析过程。

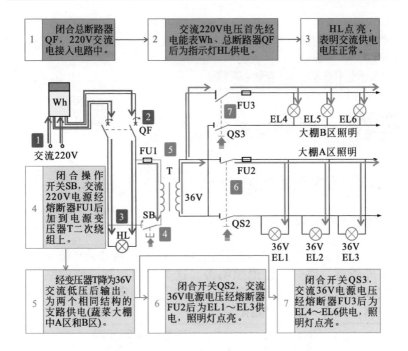

1 | 闭合总断路器QF，220V交流电接入电路中。

2 | 交流220V电压首先经电能表Wh、总断路器QF后为指示灯HL供电。

3 | HL点亮，表明交流供电电压正常。

4 | 闭合操作开关SB，交流220V电源经熔断器FU1后加到电源变压器T二次绕组上。

5 | 经变压器T降为36V交流低压后输出，为两个相同结构的支路供电(蔬菜大棚中A区和B区)。

6 | 闭合开关QS2，交流36V电源电压经熔断器FU2后为EL1～EL3供电，照明灯点亮。

7 | 闭合开关QS3，交流36V电源电压经熔断器FU3后为EL4～EL6供电，照明灯点亮。

第5章
公共照明电路识图

5.1 公共照明电路的特点

5.1.1 公共照明电路的组成

图 5-1　公共照明电路的结构组成

如图 5-1 所示，公共照明电路一般应用在公共环境下，如室外景观、路灯、楼道照明等。这类照明控制线路的结构组成较室内照明控制电路复杂，通常由小型集成电路负责电路控制，具备一定的智能化特点。

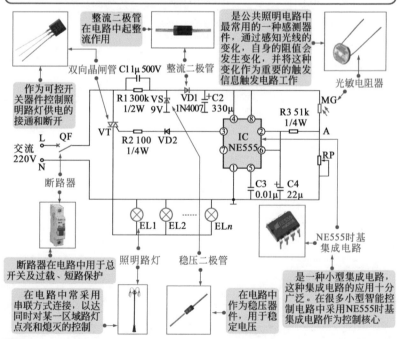

整流二极管在电路中起整流作用

是公共照明电路中最常用的一种感测器件，通过感知光线的变化，自身的阻值会发生变化，并将这种变化作为重要的触发信息触发电路工作

双向晶闸管　C1 1μ 500V　整流二极管

光敏电阻器

作为可控开关器件控制照明路灯供电的接通和断开

R1 300k VS　VD1 C2
1/2W　9V　1N4007 330μ

R3 51k
1/4W

VT

R2 100　VD2
1/4W

IC
NE555

MG

A

交流
220V

L QF

N

RP

断路器

C3　C4
0.01μ　22μ

EL1　EL2　……　ELn

NE555时基集成电路

断路器在电路中用于总开关及过载、短路保护

照明路灯

稳压二极管

在电路中常采用串联方式连接，以达同时对某一区域路灯点亮和熄灭的控制

在电路中作为稳压器件，用于稳定电压

是一种小型集成电路，这种集成电路的应用十分广泛。在很多小型智能控制电路中采用NE555时基集成电路作为控制核心

5.1.2 公共照明电路的控制关系

图5-2 公共照明电路的控制关系

> 如图5-2所示，公共照明电路中照明灯具的状态直接由控制电路板或控制开关控制。当控制电路板动作或控制开关闭合，照明灯具接入供电回路，点亮；当控制电路板无动作或控制开关断开，照明灯具与供电回路断开，熄灭。

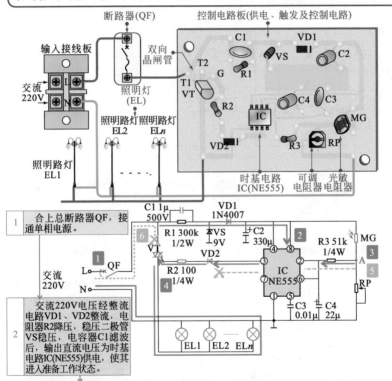

1 合上总断路器QF，接通单相电源。

2 交流220V电压经整流电路VD1、VD2整流，电阻器R2降压，稳压二极管VS稳压，电容器C1滤波后，输出直流电压为时基电路IC(NE555)供电，使其进入准备工作状态。

3 需要点亮照明灯时，用手碰触触摸开关A。手的感应信号经电阻器R3加到时基集成电路IC的2脚和6脚。时基电路IC得到感应信号后，内部触发器翻转，使3脚输出高电平。

4 双向晶闸管VT的控制极有高电平输入，触发VT导通，照明灯EL形成供电回路，照明灯点亮。

5 需要熄灭照明灯时，用手再次触碰触摸开关A。手的感应信号送到时基电路IC的2脚和6脚。时基电路IC内部触发器再次翻转，其3脚输出低电平。

6 双向晶闸管VT的控制极降为低电平，VT截止，切断照明灯EL供电回路，照明灯熄灭。

5.2 楼道声控照明电路的识读

5.2.1 楼道声控照明电路的结构与功能

图 5-3 楼道声控照明电路的结构与功能特点

如图 5-3 所示，声控照明电路主要由声音感应器件、控制电路和照明灯等构成，通过声音和控制电路控制照明灯具的点亮和延时自动熄灭。

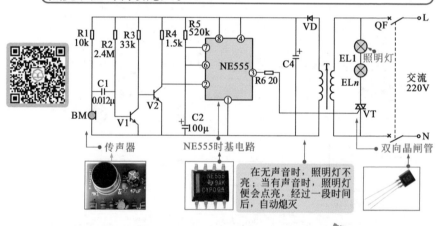

图 5-4 NE555 时基电路的功能特点

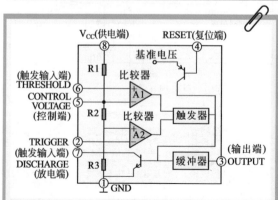

如图 5-4 所示，NE555 时基集成电路用字母"IC"标识，其内部设有振荡电路、分频器和触发电路。2 脚、6 脚、3 脚为关键输入端和输出端引脚。3 脚输出电平为高电平还是低电平受内部触发器的控制，触发器则受 2 脚和 6 脚触发输入端控制。

5.2.2 楼道声控照明电路的识读分析

图 5-5　楼道声控照明电路的识读分析

图 5-5 为楼道声控照明电路的识读分析过程。

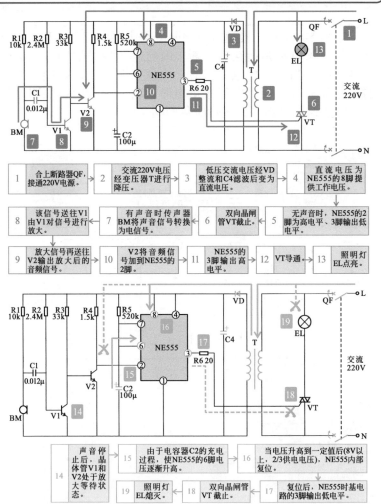

5.3 楼道应急照明电路的识读

5.3.1 楼道应急照明电路的结构与功能

图 5-6 楼道应急照明电路的结构与功能

如图 5-6 所示，楼道应急照明电路主要由应急灯和控制电路构成。该电路是指在市电断电时自动为应急照明灯供电的控制电路。当市电供电正常时，应急照明灯自动控制电路中的蓄电池充电；当市电停止供电时，蓄电池为应急照明灯供电，应急照明灯点亮，进行应急照明。

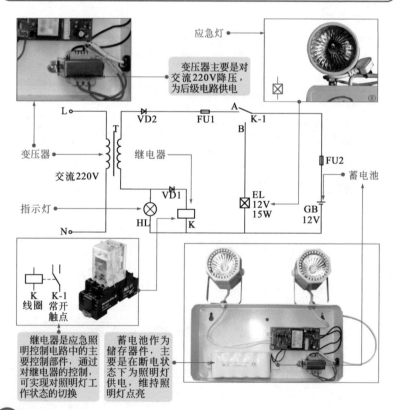

应急灯

变压器主要是对交流220V降压，为后级电路供电

变压器

交流220V

指示灯

蓄电池

继电器是应急照明控制电路中的主要控制部件，通过对继电器的控制，可实现对照明灯工作状态的切换

蓄电池作为储存器件，主要是在断电状态下为照明灯供电，维持照明灯点亮

5.3.2 楼道应急照明电路的识读分析

图 5-7 楼道应急照明电路的识读分析

图 5-7 为楼道应急照明电路的识读分析过程。

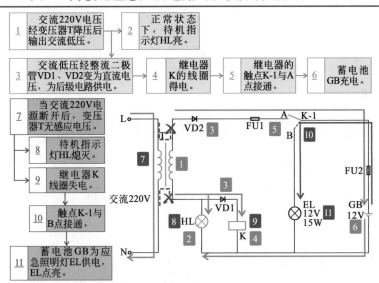

5.4 光控路灯照明电路的识读

5.4.1 光控路灯照明电路的结构与功能

图 5-8 光控路灯照明电路的结构与功能

如图 5-8 所示，光控路灯照明电路主要由光敏电阻器及外围电子元器件构成的控制电路和路灯构成。该电路可自动控制路灯的工作状态。白天，光照较强，路灯不工作；夜晚降临或光照较弱时，路灯自动点亮。

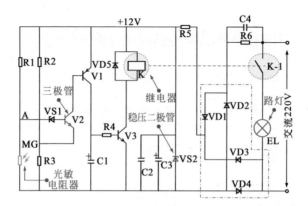

5.4.2　光控路灯照明电路的识读分析

图 5-9　光控路灯照明电路的识读分析

图 5-9 为光控路灯照明电路的识读分析过程。

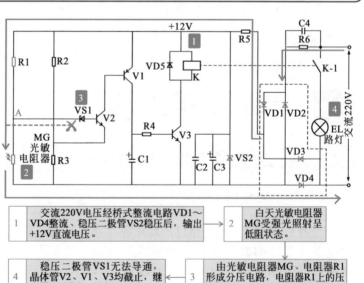

1	交流220V电压经桥式整流电路VD1～VD4整流、稳压二极管VS2稳压后，输出+12V直流电压。	2	白天光敏电阻器MG受强光照射呈低阻状态。
4	稳压二极管VS1无法导通，晶体管V2、V1、V3均截止，继电器K不吸合，路灯EL不亮。	3	由光敏电阻器MG、电阻器R1形成分压电路，电阻器R1上的压降较高，分压点A点电压偏低。

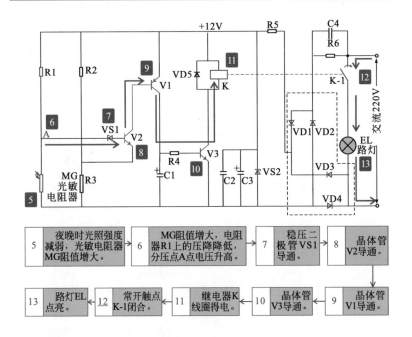

5	夜晚时光照强度减弱，光敏电阻器MG阻值增大。	→	6	MG阻值增大，电阻器R1上的压降降低，分压点A点电压升高。	→	7	稳压二极管 VS1导通。	→	8	晶体管V2导通。

13	路灯EL点亮。	←	12	常开触点K-1闭合。	←	11	继电器K线圈得电。	←	10	晶体管V3导通。	←	9	晶体管V1导通。

5.5 大厅调光照明电路的识读

5.5.1 大厅调光照明电路的结构与功能

图 5-10 大厅调光照明电路的结构与功能

如图 5-10 所示，大厅调光照明电路主要由电源开关、光电耦合器、晶闸管、继电器等元器件组成的。该电路主要通过电源开关与控制电路配合实现对照明灯点亮个数的调整，即电源开关按动一次，照明灯点亮一盏；按动两次，照明灯点亮两盏；按动三次，照明灯点亮 n 盏，由此实现总体照明亮度的调整，多用于大厅等公共场合。

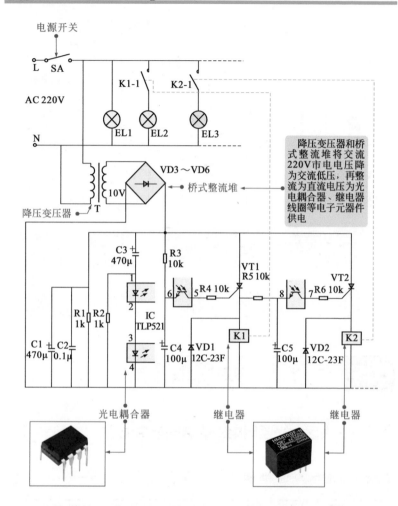

电源开关

L SA

AC 220V

K1-1 K2-1

EL1 EL2 EL3

N

降压变压器 T 10V VD3～VD6 桥式整流堆

降压变压器和桥式整流堆将交流220V市电电压降为交流低压，再整流为直流电压为光电耦合器、继电器线圈等电子元器件供电

C3 470μ R3 10k VT1 R5 10k VT2

R1 1k R2 1k IC TLP521 6 5 R4 10k 8 7 R6 10k

C1 470μ C2 0.1μ C4 100μ VD1 12C-23F K1 C5 100μ VD2 12C-23F K2

光电耦合器 继电器 继电器

5.5.2 大厅调光照明电路的识读分析

图 5-11 大厅调光照明电路的识读分析

图 5-11 为大厅调光照明电路的识读分析过程。

1 | 当电源开关SA第一次接通时，AC 220V供电经变压器和桥式整流堆整流后送入控制电路中。

2 | 在开机瞬间电容器C1和C4还未充电。电容器C3两端的电压不能突变。

3 | 光电耦合器IC内瞬间导通然后截止，电容器C4未充电，晶闸管VT1、VT2截止，照明电路中只有照明灯EL1亮。

L　SA

1　4

K1-1　K2-1

AC 220V

3　6　8

EL1　EL2　EL3

N

T　10V　VD3～VD6

C3 470μ

R3 10k

VT1

VT2

5

1

6　R4 10k

R5 10k

8　7　R6 10k

2

R1 1k　R2 1k

IC TLP521

2

3

K1

K2

C1 470μ　C2 0.1μ

C4 100μ　VD1 12C-23F

7　C5 100μ　VD2 12C-23F

4 | 当单联开关SA在短时间内断开后再次接通时，电容器C1将直流电压加载到晶体管VT1和VT2的阳极上。

5 | 光电耦合器IC再次导通，由于此时电容器C4上已充电为正电压，光电耦合器导通后使晶闸管VT1导通。

6 | 继电器K1动作，常开触点K1-1闭合，同时为电容器C5充电，照明灯EL1和EL2同时点亮。

7 | 当单联开关SA在短时间内再次断开后再次接通时，由于电容器C5已充电，因而会使晶闸管VT2也导通。

8 | 继电器K2动作，常开触点K2-1闭合，照明电路中照明灯EL1、EL2和EL3同时点亮。

该电路主要的控制器件为光电耦合器 IC（TLP521）、晶闸管 VT，因此在该电路中可以无限制地增加照明灯及其控制电路，只需一只单联开关即可对其进行控制，不需要重复在线路中增加开关。

5.6 景观照明电路的识读

5.6.1 景观照明电路的结构与功能

图 5-12 景观照明电路的结构与功能特点

如图 5-12 所示，景观照明电路是指应用在一些观赏景点或广告牌上，或者用在一些比较显著的位置上，设置用来观赏或提示功能的公共用电电路。该电路主要由景观照明灯和控制电路（由各种电子元器件按照一定控制关系连接）构成。

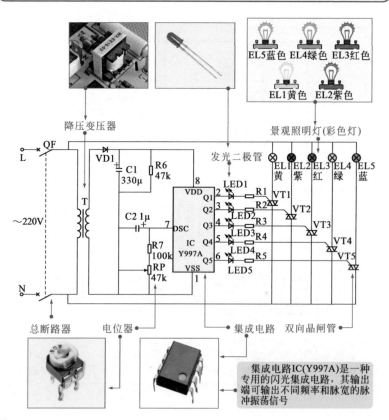

5.6.2　景观照明电路的识读分析

图 5-13 为景观照明电路的识读分析过程。

1　合上总断路器 QF，接通交流 220V 市电电源。

2　交流 220V 市电电压经变压器 T 变压后变为交流低压。

3　交流低压再经整流二极管 VD1 整流、滤波电容器 C1 滤波后，变为直流电压。

4　直流电压加到 IC(Y997A) 的 8 脚上为其提供工作电压。

5　IC 的 8 脚有供电电压后，内部电路开始工作。IC 的 2 脚首先输出高电平脉冲信号，使 LED1 点亮。

6　同时，高电平信号经电阻器 R1 后，加到双向晶闸管 VT1 的控制极上，VT1 导通，彩色灯 EL1(黄色) 点亮。

7　此时，IC 的 3 脚、4 脚、5 脚、6 脚输出低电平脉冲信号，外接的晶闸管处于截止状态，LED 和彩色灯不亮。

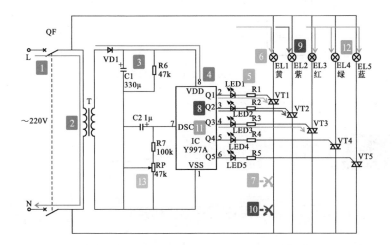

8　一段时间后，IC 的 3 脚输出高电平脉冲信号，LED2 点亮。

9　同时高电平信号经电阻器 R2 后，加到双向晶闸管 VT2 的控制极上，VT2 导通，彩色灯 EL2(紫色) 点亮。

10　此时，IC 的 2 脚和 3 脚输出高电平脉冲信号，有两组 LED 和彩色灯被点亮，而 4 脚、5 脚、6 脚输出低电平脉冲信号，外接晶闸管处于截止状态，LED 和彩色灯不亮。

11　依次类推，当 IC 的输出端 2～6 脚输出高电平脉冲信号时，LED 和彩色灯便会被点亮。

12　由于 2～6 脚输出脉冲的间隔和持续时间不同，双向晶闸管触发的时间也不同，因而这 5 个彩色灯便会按驱动脉冲的规律发光和熄灭。

13　IC 内的振荡频率取决于 7 脚外的时间常数电路，微调 RP 的阻值可改变其振荡频率。

图 5-14 IC 中 Q1～Q5 输出脉冲信号的时序关系

图 5-14 为 IC 中 Q1～Q5 输出脉冲信号的时序关系。IC 中 Q1～Q5 输出的脉冲信号频率相同而相位不同，因而被控照明灯循环发光。

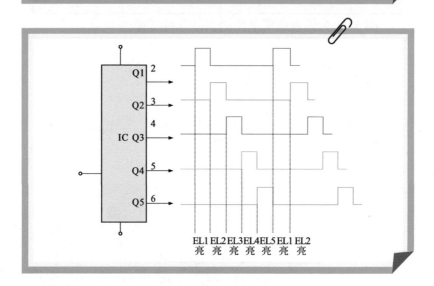

EL1 EL2 EL3 EL4 EL5 EL1 EL2
亮 亮 亮 亮 亮 亮 亮

5.7 LED广告灯电路的识读

5.7.1 LED广告灯电路的结构与功能

图 5-15 LED 广告灯电路的结构与功能特点

如图 5-15 所示，LED 广告灯控制电路可用于小区庭院、马路景观照明及装饰照明的控制，通过逻辑门电路控制不同颜色的 LED 有规律地亮灭，起到广告警示的作用。该电路一般由 LED 灯和控制电路构成。

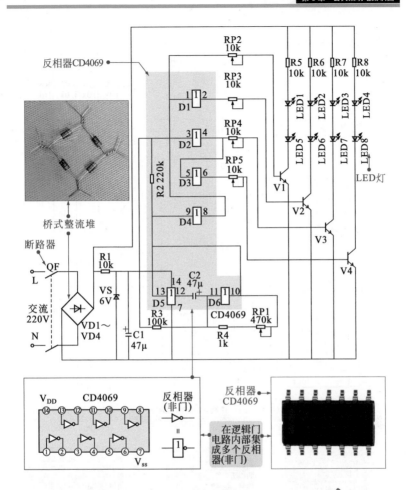

5.7.2 LED广告灯电路的识读分析

图 5-16 LED 广告灯电路的识读分析

　　如图 5-16 所示，识读 LED 广告灯控制电路，主要是根据电路中各部件的功能特点和连接关系，分析和理清各功能部件之间的控制关系和过程。

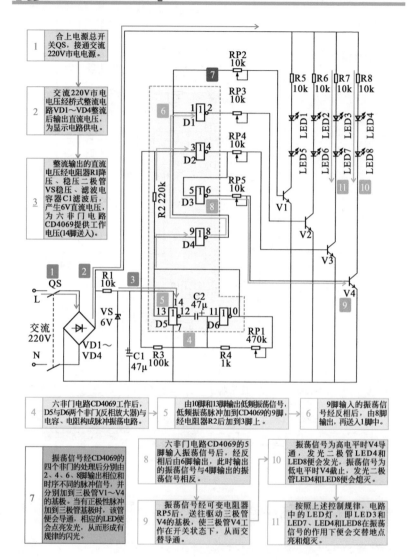

第6章
直流电动机控制电路识图

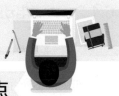

6.1 直流电动机控制电路的特点

6.1.1 直流电动机控制电路的组成

图 6-1 直流电动机控制电路的结构组成

如图 6-1 所示，直流电动机控制电路可实现多种多样的功能，如直流电动机的启动、运转、变速、制动和停机等控制。不同直流电动机控制电路所选用控制器件、直流电动机以及功能部件基本相同，但根据选用部件数量的不同以及部件间的不同组合，加之电路上的连接差异，从而实现了对直流电动机不同工作状态的控制。

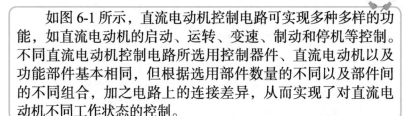

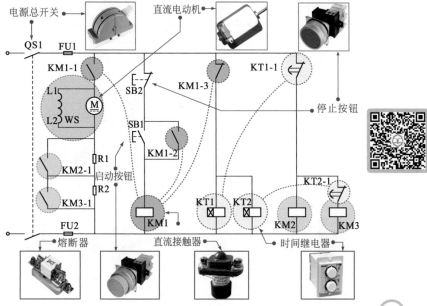

6.1.2 直流电动机控制电路的控制关系

图 6-2 直流电动机控制电路的控制关系

如图 6-2 所示，直流电动机控制电路依靠启停按钮、直流接触器、时间继电器等控制部件控制直流电动机的运转。

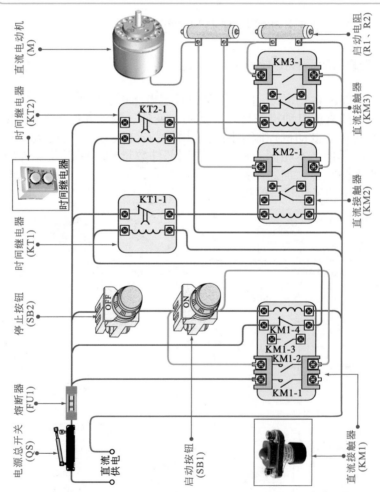

图6-3 典型直流电动机控制电路的控制过程识读

如图 6-3 所示，前面所述直流电动机控制电路为典型的直流电动机降压启动控制电路，通过启停按钮控制直流接触器触点的闭合与断开，从而改变串联在电路中启动电阻器的数量，最终实现对直流电动机降压启动状态的控制。

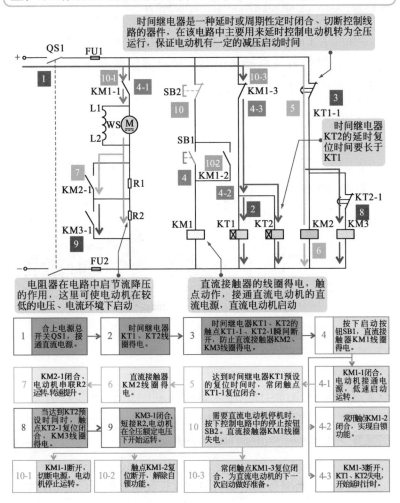

时间继电器是一种延时或周期性定时闭合、切断控制线路的器件，在该电路中主要用来延时控制电动机转为全压运行，保证电动机有一定的减压启动时间

时间继电器KT2的延时复位时间要长于KT1

电阻器在电路中启节流降压的作用，这里可使电动机在较低的电压、电流环境下启动

直流接触器的线圈得电，触点动作，接通直流电动机的直流电源，直流电动机启动

| 1 | 合上电源总开关QS1，接通直流电源。 | → | 2 | 时间继电器KT1、KT2线圈得电。 | → | 3 | 时间继电器KT1、KT2的触点KT1-1、KT2-1瞬断开，防止直流接触器KM2、KM3线圈得电。 | → | 4 | 按下启动按钮SB1，直流接触器KM1线圈得电。 |

| 7 | KM2-1闭合，电动机串联R2运转，转速提升。 | ← | 6 | 直流接触器KM2线圈得电。 | ← | 5 | 达到时间继电器KT1预设的复位时间时，常闭触点KT1-1复位闭合。 | | 4-1 | KM1-1闭合，电动机接通电源，低速启动运转。 |

| 8 | 当达到KT2预设时间时，触点KT2-1复位闭合，KM3线圈得电。 | ← | 9 | KM3-1闭合，短接R2，电动机在全压额定电压下开始运转。 | ← | 10 | 需要直流电动机停止时，按下控制电路中的停止按钮SB2，直流接触器KM1线圈失电。 | | 4-2 | 常闭触点KM1-2闭合，实现自锁功能。 |

| 10-1 | KM1-1断开，切断电源，电动机停止运转。 | 10-2 | 触点KM1-2复位断开，解除自锁功能。 | 10-3 | 常闭触点KM1-3复位闭合，为直流电动机的下一次启动做好准备。 | 4-3 | KM1-3断开，KT1、KT2失电，开始延时计时。 |

6.2 光控直流电动机驱动及控制电路的识读

6.2.1 光控直流电动机驱动及控制电路的结构与功能

图 6-4 光控直流电动机驱动及控制电路的结构与功能特点

> 如图 6-4 所示，光控直流电动机驱动及控制电路是由光敏晶体管控制的直流电动机电路，通过光照的变化可以控制直流电动机的启动、停止等状态。

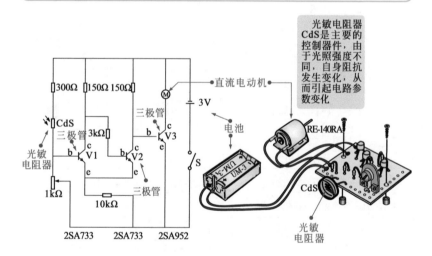

6.2.2 光控直流电动机驱动及控制电路的识读分析

图 6-5 光控直流电动机驱动及控制电路的识读分析

> 图 6-5 为光控直流电动机驱动及控制电路的识读分析过程。

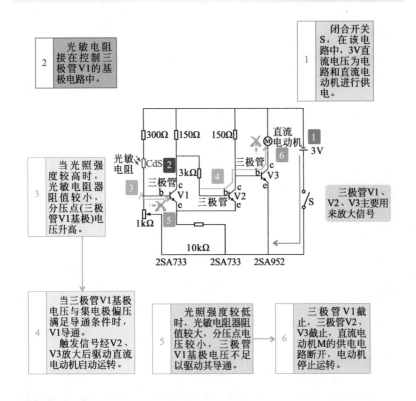

2　光敏电阻接在控制三极管V1的基极电路中。

1　闭合开关S，在该电路中，3V直流电压为电路和直流电动机进行供电。

3　当光照强度较高时，光敏电阻器阻值较小，分压点(三极管V1基极)电压升高。

三极管V1、V2、V3主要用来放大信号

4　当三极管V1基极电压与集电极偏压满足导通条件时，V1导通。触发信号经V2、V3放大后驱动直流电动机启动运转。

5　光照强度较低时，光敏电阻器阻值较大，分压点电压较小，三极管V1基极电压不足以驱动其导通。

6　三极管V1截止，三极管V2、V3截止，直流电动机M的供电电路断开，电动机停止运转。

6.3　直流电动机调速控制电路的识读

6.3.1　直流电动机调速控制电路的结构与功能

图 6-6　直流电动机调速控制电路的结构与功能特点

　　如图 6-6 所示，直流电动机调速控制电路是一种可在负载不变的情况下，控制直流电动机的旋转速度的电路。该电路主要是由调速控制电路和直流电动机构成的。

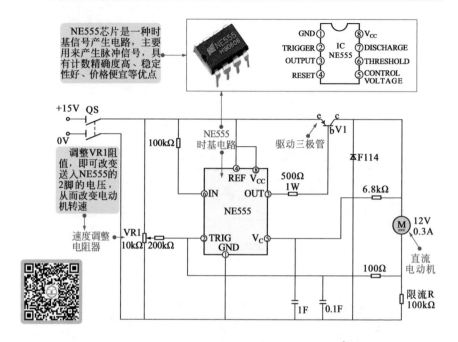

NE555芯片是一种时基信号产生电路，主要用来产生脉冲信号，具有计数精确度高、稳定性好、价格便宜等优点

调整VR1阻值，即可改变送入NE555的2脚的电压，从而改变电动机转速

速度调整电阻器

图 6-7　集成电路 NE555 内部结构

如图 6–7 所示，NE555 内部设有三只电阻器，构成分压器，比较器 A1 的 5 脚接在 R1 与 R2 之间，其电压为 $2/3V_{CC}$，若使比较器 A1 输出高电平，则 6 脚（A1 的反相输入端）应高于 5 脚电压；比较器 A2 同相输入端接在 R2 与 R3 之间，其电压值为 $1/3V_{CC}$，若使比较器 A2 输出高电平，其条件为 2 脚（A2 反相输入端）电压低于 $1/3V_{CC}$。

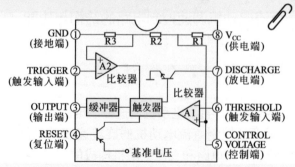

6.3.2　直流电动机调速控制电路的识读分析

图 6-8　直流电动机调速控制电路的识读分析

　　如图 6-8 所示，识读直流电动机调速控制电路主要是根据电路中控制部件的不同工作状态，了解其对直流电动机转速的不同控制过程。

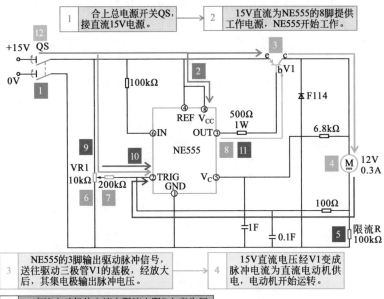

1　合上总电源开关QS，接直流15V电源。

2　15V直流为NE555的8脚提供工作电源，NE555开始工作。

3　NE555的3脚输出驱动脉冲信号，送往驱动三极管V1的基极，经放大后，其集电极输出脉冲电压。

4　15V直流电压经V1变成脉冲电流为直流电动机供电，电动机开始运转。

5　直流电动机的电流在限流电阻R上产生压降，经电阻器反馈到NE555的2脚，并由3脚输出脉冲信号的宽度，对电动机稳速控制。

6　将速度调整电阻器VR1的阻值调至最下端。

7　15V直流电压经过VR1和200kΩ电阻器串联电路后送入NE555的2脚。

8　NE555芯片内部电路控制3脚输出的脉冲信号宽度最小，直流电动机转速达到最低。

9　将速度调整电阻器VR1的阻值调至最上端。

10　15V直流电压则只经过200kΩ的电阻器后送入NE555芯片的2脚。

11　NE555芯片内部电路控制3脚输出的脉冲信号宽度最大，直流电动机转速达到最高。

12　若需要直流电动机停机时，只需将电源总开关QS关闭即可切断控制电路和直流电动机的供电回路，直流电动机停转。

6.4 直流电动机正反转控制电路的识读

6.4.1 直流电动机正反转控制电路的结构与功能

图6-9 直流电动机正反转控制电路的结构与功能特点

如图6-9所示，直流电动机正反转连续控制电路是指通过控制电路改变加给直流电动机电源的极性，从而实现旋转方向。

具体来说，当按下电路中的正转启动按钮时，接触器KMF动作，直流电动机的供电右为正，左为负，电机正转。

同理，当按下电路中的反转启动按钮时，接触器KMR动作，直流电动机的供电右为负，左为正，电动机反转。

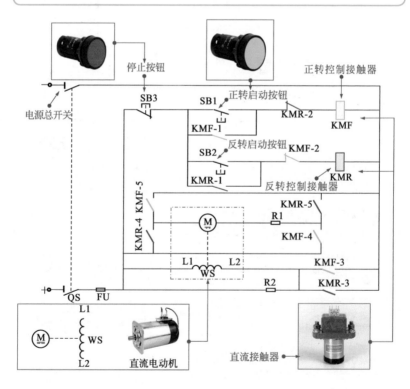

6.4.2　直流电动机正反转控制电路的识读分析

直流电动机正反转控制电路的识读分析

如图 6-10 所示，识读直流电动机正、反转控制电路，主要是根据电路中各部件的功能特点和连接关系，分析和理清各功能部件之间的控制关系和过程。

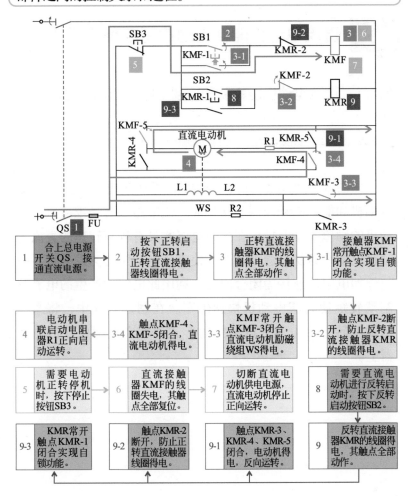

当需要直流电动机反转停机时，按下停止按钮 SB3。反转直流接触器 KMR 线圈失电，其常开触点 KMR-1 复位断开，解除自锁功能；常闭触点 KMR-2 复位闭合，为直流电动机正转启动做好准备；常开触点 KMR-3 复位断开，直流电动机励磁绕组 WS 失电；常开触点 KMR-4、KMR-5 复位断开，切断直流电动机供电电源，直流电动机停止反向运转。

6.5 直流电动机能耗制动控制电路的识读

6.5.1 直流电动机能耗制动控制电路的结构与功能

图 6-11 直流电动机能耗制动控制电路的结构与功能特点

如图 6-11 所示，直流电动机能耗制动控制电路由直流电动机和能耗制动控制电路构成。该电路主要是维持直流电动机的励磁不变，把正在接通电源并具有较高转速的直流电动机电枢绕组从电源上断开，使直流电动机变为发电机，并与外加电阻器连接为闭合回路，利用此电路中产生的电流及制动转矩使直流电动机快速停车。在制动过程中，将系统的动能转化为电能并以热能的形式消耗在电枢电路的电阻器上。

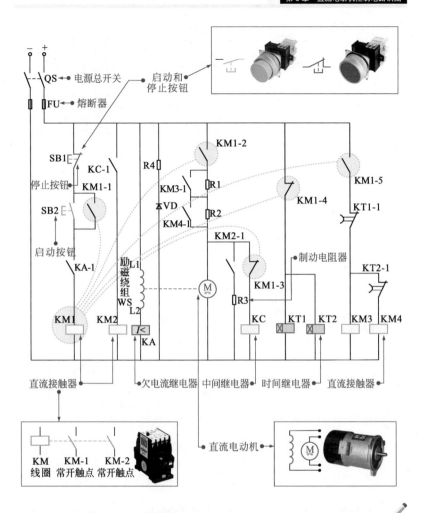

6.5.2　直流电动机能耗制动控制电路的识读分析

图 6-12　直流电动机能耗制动控制电路的识读分析

　　图 6-12 为搞定直流电动机能耗制动控制电路的识读分析过程。

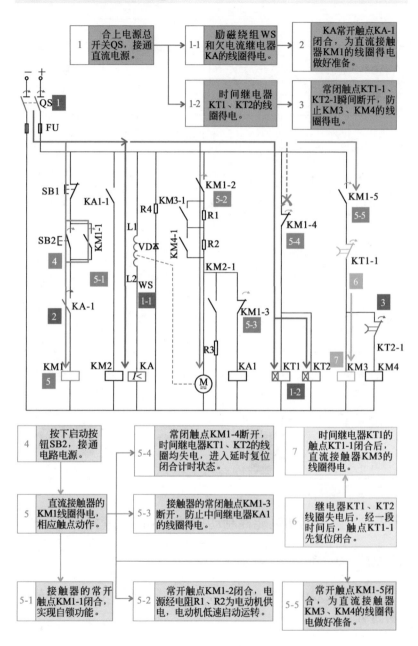

1　合上电源总开关QS，接通直流电源。

1-1　励磁绕组WS和欠电流继电器KA的线圈得电。

2　KA常开触点KA-1闭合，为直流接触器KM1的线圈得电做好准备。

1-2　时间继电器KT1、KT2的线圈得电。

3　常闭触点KT1-1、KT2-1瞬间断开，防止KM3、KM4的线圈得电。

4　按下启动按钮SB2，接通电路电源。

5-4　常闭触点KM1-4断开，时间继电器KT1、KT2的线圈均失电，进入延时复位闭合计时状态。

7　时间继电器KT1的触点KT1-1闭合后，直流接触器KM3的线圈得电。

5　直流接触器的KM1线圈得电，相应触点动作。

5-3　接触器的常闭触点KM1-3断开，防止中间继电器KA1的线圈得电。

6　继电器KT1、KT2线圈失电后，经一段时间后，触点KT1-1先复位闭合。

5-1　接触器的常开触点KM1-1闭合，实现自锁功能。

5-2　常开触点KM1-2闭合，电源经电阻R1、R2为电动机供电，电动机低速启动运转。

5-5　常开触点KM1-5闭合，为直流接触器KM3、KM4的线圈得电做好准备。

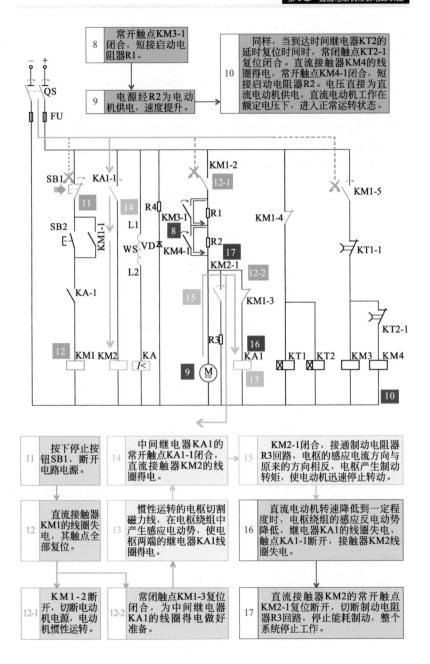

8 常开触点KM3-1闭合，短接启动电阻器R1。

9 电源经R2为电动机供电，速度提升。

10 同样，当到达时间继电器KT2的延时复位时间时，常闭触点KT2-1复位闭合。直流接触器KM4的线圈得电，常开触点KM4-1闭合，短接启动电阻器R2。电压直接为直流电动机供电，直流电动机工作在额定电压下，进入正常运转状态。

11 按下停止按钮SB1，断开电路电源。

14 中间继电器KA1的常开触点KA1-1闭合，直流接触器KM2的线圈得电。

15 KM2-1闭合，接通制动电阻器R3回路，电枢的感应电流方向与原来的方向相反，电枢产生制动转矩，使电动机迅速停止转动。

12 直流接触器KM1的线圈失电，其触点全部复位。

13 惯性运转的电枢切割磁力线，在电枢绕组中产生感应电动势，使电枢两端的继电器KA1线圈得电。

16 直流电动机转速降低到一定程度时，电枢绕组的感应反电动势降低，继电器KA1的线圈失电，触点KA1-1断开，接触器KM2线圈失电。

12-1 KM1-2断开，切断电动机电源，电动机惯性运转。

12-2 常闭触点KM1-3复位闭合，为中间继电器KA1的线圈得电做好准备。

17 直流接触器KM2的常开触点KM2-1复位断开，切断制动电阻器R3回路，停止能耗制动，整个系统停止工作。

从零学电工电路识图一本通

图 6-13 直流电动机能耗制动原理

　　如图 6-13 所示，直流电动机制动时，励磁绕组 L1、L2 两端电压极性不变，因而励磁的大小和方向不变。

　　由于直流电动机存在惯性，仍会按照原来的方向继续旋转，所以电枢反电动势的方向也不变，并且成为电枢回路的电源，这就使得制动电流的方向同原来供电的方向相反，电磁转矩的方向也随之改变，成为制动转矩，从而促使直流电动机迅速减速以至停止。

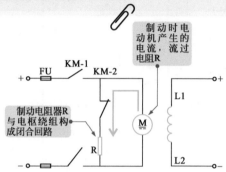

第7章
单相交流电动机控制
电路识图

7.1 单相交流电动机控制电路的特点

7.1.1 单相交流电动机控制电路的组成

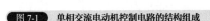 图 7-1 单相交流电动机控制电路的结构组成

　　如图 7-1 所示，单相交流电动机控制电路可实现启动、运转、变速、制动、反转和停机等多种控制功能。不同的单相交流电动机控制电路基本都是由控制器件或功能部件、单相交流电动机构成，但根据选用部件数量的不同及部件间的不同组合，加之电路上的连接差异，从而实现对单相交流电动机不同工作状态的控制。

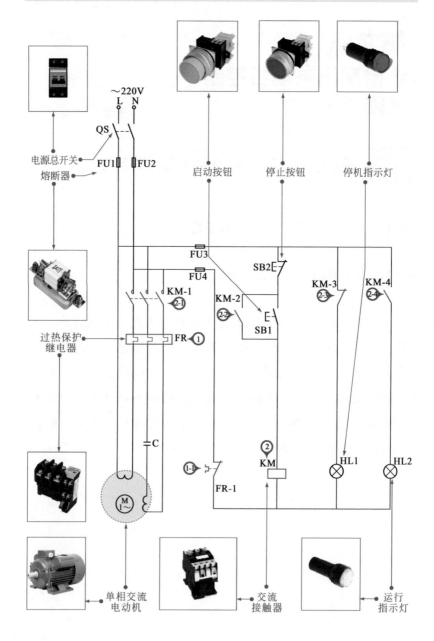

7.1.2　单相交流电动机控制电路的控制关系

单相交流电动机控制电路的控制关系

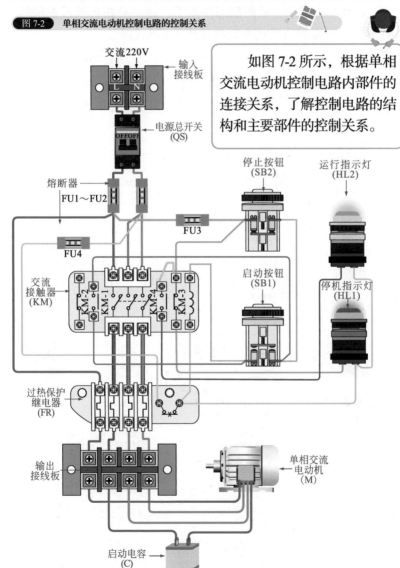

如图 7-2 所示，根据单相交流电动机控制电路内部件的连接关系，了解控制电路的结构和主要部件的控制关系。

图 7-3　单相交流电动机控制电路的控制过程分析

如图 7-3 所示，从控制部件入手，逐一分析各组成部件的动作状态即可弄清单相交流电动机的控制过程。

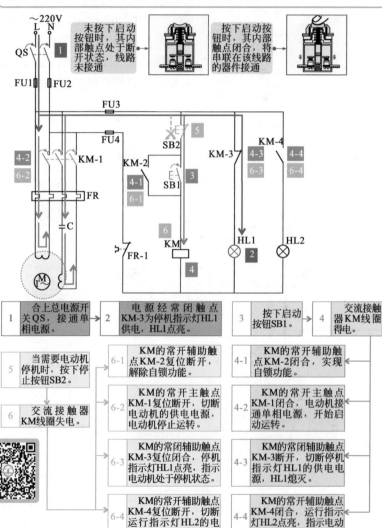

7.2　单相交流电动机常见驱动电路的识读

7.2.1　单相交流电动机正反转驱动电路的识读分析

图 7-4　单相交流电动机正反转驱动电路的识读分析

　　如图 7-4 所示，单相交流异步电动机的正反转驱动电路中辅助绕组通过启动电容与电源供电相连，主绕组通过正反向开关与电源供电线相连，开关可调换接头，来实现正反转控制。

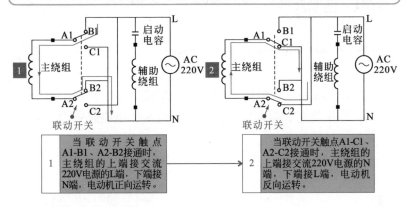

1 | 当联动开关触点A1-B1、A2-B2接通时，主绕组的上端接交流220V电源的L端，下端接N端，电动机正向运转。

2 | 当联动开关触点A1-C1、A2-C2接通时，主绕组的上端接交流220V电源的N端，下端接L端，电动机反向运转。

7.2.2　可逆单相交流电动机驱动电路的识读分析

图 7-5　可逆单相交流电动机驱动电路的识读分析

　　如图 7-5 所示，可逆单相交流电动机的驱动电路中，电动机内设有两个绕组（主绕组和辅助绕组），单相交流电源加到两绕组的公共端，绕组另一端接一个启动电容。正反向旋转切换开关接到电源与绕组之间，通过切换两个绕组实现转向控制，这种情况电动机的两个绕组参数相同。用互换主绕组的方式进行转向切换。

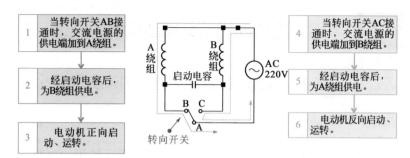

1	当转向开关AB接通时，交流电源的供电端加到A绕组。
2	经启动电容后，为B绕组供电。
3	电动机正向启动、运转。

4	当转向开关AC接通时，交流电源的供电端加到B绕组。
5	经启动电容后，为A绕组供电。
6	电动机反向启动、运转。

7.2.3 单相交流电动机电阻启动式驱动电路的识读分析

图 7-6 单相交流电动机电阻启动式驱动电路的识读分析

如图 7-6 所示，电阻启动式单相交流异步电动机中有两组绕组，即主绕组和启动绕组，在启动绕组供电电路中设有离心开关。

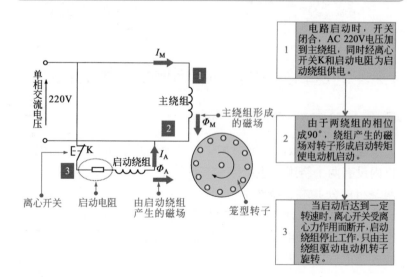

1	电路启动时，开关闭合，AC 220V电压加到主绕组，同时经离心开关K和启动电阻为启动绕组供电。
2	由于两绕组的相位成90°，绕组产生的磁场对转子形成启动转矩使电动机启动。
3	当启动后达到一定转速时，离心开关受离心力作用而断开,启动绕组停止工作,只由主绕组驱动电动机转子旋转。

7.2.4　单相交流电动机电容启动式驱动电路的识读分析

图 7-7　单相交流电动机电容启动式驱动电路的识读分析

如图 7-7 所示，单相交流电动机的电容启动式驱动电路中，为了使电容启动式单相异步电动机形成旋转磁场，将启动绕组与电容串联，通过电容移相的作用，在加电时形成启动磁场。通常在机电设备中所用的电动机多采用电容启动方式。

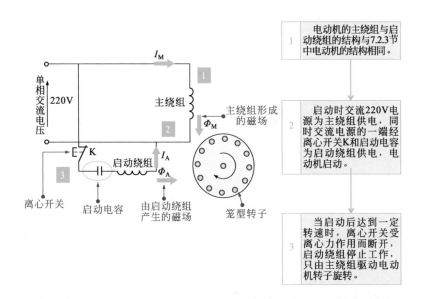

1　电动机的主绕组与启动绕组的结构与 7.2.3 节中电动机的结构相同。

2　启动时交流 220V 电源为主绕组供电，同时交流电源的一端经离心开关 K 和启动电容为启动绕组供电，电动机启动。

3　当启动后达到一定转速时，离心开关受离心力作用而断开，启动绕组停止工作，只由主绕组驱动电动机转子旋转。

启动电容器是一种用来启动单相交流电动机的交流电解电容器。单相电流不能产生旋转磁场，需要借助电容器来分相，使两个绕组中的电流产生近于 90°的相位差，以产生旋转磁场，使电动机旋转。

7.3 单相交流电动机常见调速电路的识读

7.3.1 单相交流电动机晶闸管调速电路的识读分析

图 7-8 直流电动机能耗制动控制电路的结构与功能特点

> 如图 7-8 所示，采用双向晶闸管的单相交流电动机调速电路中，晶闸管调速是通过改变晶闸管的导通角来改变电动机的平均供电电压，从而调节电动机的转速。

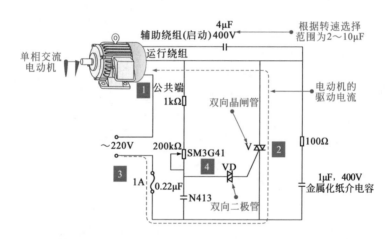

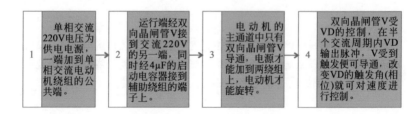

1 单相交流220V电压为供电电源，一端加到单相交流电动机绕组的公共端。	**2** 运行端经双向晶闸管V接到交流220V的另一端，同时经4μF的启动电容器接到辅助绕组的端子上。	**3** 电动机的主通道中只有双向晶闸管V导通，电源才能加到两绕组上，电动机才能旋转。	**4** 双向晶闸管V受VD的控制，在半个交流周期内VD输出脉冲，V受到触发便可导通，改变VD的触发角(相位)就可对速度进行控制。

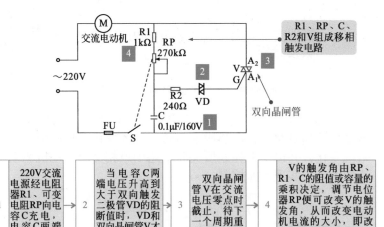

| 1 | 220V交流电源经电阻器R1、可变电阻RP向电容C充电,电容C两端电压上升。 | 2 | 当电容C两端电压升高到大于双向触发二极管VD的阻断值时,VD和双向晶闸管V才相继导通。 | 3 | 双向晶闸管V在交流电压零点时截止,待下一个周期重复动作。 | 4 | V的触发角由RP、R1、C的阻值或容量的乘积决定,调节电位器RP便可改变V的触发角,从而改变电动机电流的大小,即改变电动机两端电压,起到调速的作用。 |

7.3.2　单相交流电动机电感器调速电路的识读分析

图 7-9　单相交流电动机电感器调速电路的识读分析

如图 7-9 所示,采用串联电抗器的调速电路,将电动机主、副绕组并联后再串入具有抽头的电抗器。当转速开关处于不同的位置时,电抗器的电压降不同,使电动机端电压改变而实现有级调速。

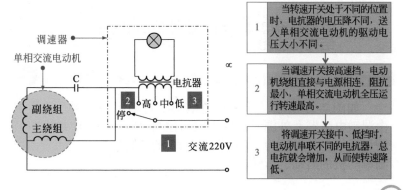

1 当转速开关处于不同的位置时,电抗器的电压降不同,送入单相交流电动机的驱动电压大小不同。

2 当调速开关接高速挡,电动机绕组直接与电源相连,阻抗最小,单相交流电动机全压运行转速最高。

3 将调速开关接中、低挡时,电动机串联不同的电抗器,总电抗就会增加,从而使转速降低。

7.3.3 单相交流电动机热敏电阻调速电路的识读分析

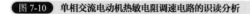 **图 7-10** 单相交流电动机热敏电阻调速电路的识读分析

　　如图 7-10 所示，采用热敏电阻（PTC 元件）的单相交流电动机调速电路中，由热敏电阻感知温度变化，从而引起自身阻抗变化，并以此来控制所关联电路中单相交流电动机驱动电流的大小，实现调速控制。

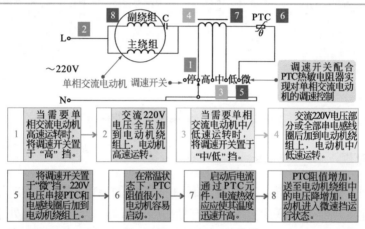

| 1 | 当需要单相交流电动机高速运转时，将调速开关置于"高"挡。 | 2 | 交流 220V 电压全压加到电动机绕组上，电动机高速运转。 | 3 | 当需要单相交流电动机中/低速运转时，将调速开关置于"中/低"挡。 | 4 | 交流220V电压部分或全部串电感线圈后加到电动机绕组上，电动机中/低速运转。 |
| 5 | 将调速开关置于"微"挡。220V电压串接PTC和电感线圈后加到电动机绕组上。 | 6 | 在常温状态下，PTC阻值很小，电动机容易启动。 | 7 | 启动后电流通过PTC元件，电流热效应应使其温度迅速升高。 | 8 | PTC阻值增加，送至电动机绕组中的电压降增加，电动机进入微速挡运行状态。 |

7.4　单相交流电动机自动启停控制电路的识读

7.4.1 单相交流电动机自动启停控制电路的结构与功能

 图 7-11 单相交流电动机自动启停控制电路的结构与功能特点

　　如图 7-11 所示，单相交流电动机自动启停控制电路主要由湿敏电阻器及外围元器件构成的控制电路控制。湿敏电阻器测量湿度，并转换为单相交流电动机的控制信号，从而自动控制电动机的启动、运转与停机。

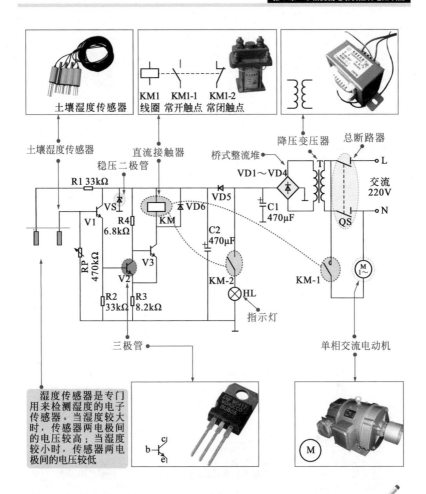

土壤湿度传感器

KM1　KM1-1　KM1-2
线圈　常开触点　常闭触点

土壤湿度传感器　　直流接触器　　　桥式整流堆　　降压变压器　总断路器

稳压二极管　　　　　　　　VD1～VD4

R1 33kΩ　　　　　　　VD5　　　C1
　　　　　　VS　　　　VD6　　470μF　　交流220V
V1　R4　　KM　　　C2　　　　QS
　　6.8kΩ　　　　　470μF　　　N
RP 470kΩ　　V3　　　KM-2　　KM-1　　M 1～
V2　　　　　　　HL
R2　R3　　　　指示灯
33kΩ　8.2kΩ

三极管　　　　　　　　　　　单相交流电动机

　　湿度传感器是专门用来检测湿度的电子传感器。当湿度较大时，传感器两电极间的电压较高；当湿度较小时，传感器两电极间的电压较低

c
b
e

M

7.4.2　单相交流电动机自动启停控制电路的识读分析

图 7-12　单相交流电动机自动启停控制电路的识读分析

　　图 7-12 为单相交流电动机自动启停控制电路的识读分析过程。

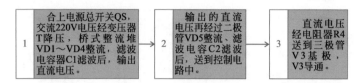

1 合上电源总开关QS，交流220V电压经变压器T降压，桥式整流堆VD1～VD4整流，滤波电容器C1滤波后，输出直流电压。

2 输出的直流电压再经过二极管VD5整流、滤波电容C2滤波后，送到控制电路中。

3 直流电压经电阻器R4送到三极管V3基极，V3导通。

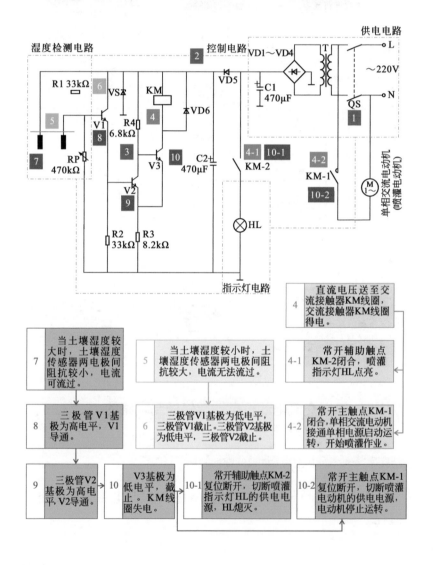

4 直流电压送至交流接触器KM线圈，交流接触器KM线圈得电。

4-1 常开辅助触点KM-2闭合，喷灌指示灯HL点亮。

4-2 常开主触点KM-1闭合，单相交流电动机接通单相电源启动运转，开始喷灌作业。

7 当土壤湿度较大时，土壤湿度传感器两电极间阻抗较小，电流可流过。

5 当土壤湿度较小时，土壤湿度传感器两电极间阻抗较大，电流无法流过。

8 三极管V1基极为高电平，V1导通。

6 三极管V1基极为低电平，三极管V1截止；三极管V2基极为低电平，三极管V2截止。

9 三极管V2基极为高电平，V2导通。

10 V3基极为低电平，截止。KM线圈失电。

10-1 常开辅助触点KM-2复位断开，切断喷灌指示灯HL的供电电源，HL熄灭。

10-2 常开主触点KM-1复位断开，切断喷灌电动机的供电电源，电动机停止运转。

7.5　单相交流电动机正/反转控制电路的识读

7.5.1　单相交流电动机正/反转控制电路的结构与功能

图 7-13　单相交流电动机正 / 反转控制电路的结构与功能特点

　　如图 7-13 所示，典型单相交流电动机正 / 反转控制电路主要由限位开关和接触器、按钮开关等构成的控制电路、单相交流电动机构成。该控制电路通过限位开关对电动机驱动对应位置的测定来自动控制单相交流电动机绕组的相序，从而实现电动机正 / 反转自动控制。

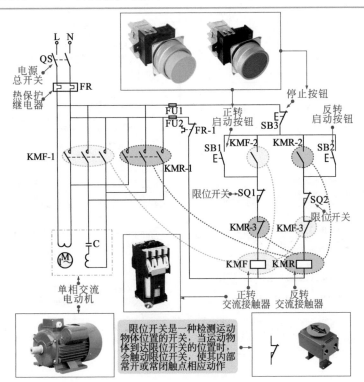

7.5.2 单相交流电动机正/反转控制电路的识读分析

图 7-14 单相交流电动机正 / 反转控制电路的识读分析

图 7-14 为单相交流电动机正 / 反转控制电路的识读分析过程。

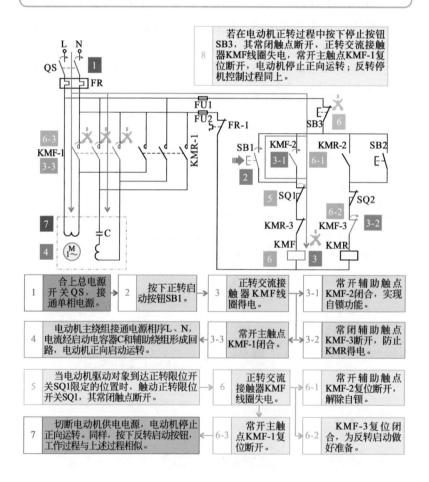

图 7-15　单相交流电动机的正 / 反转工作状态

　　如图 7-15 所示，在上述电动机控制电路中，单相交流电动机在控制电路作用下，流经辅助绕组的电流方向发生变化，从而引启电动机转动方向的改变。

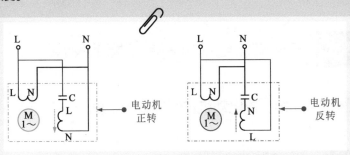

第8章
三相交流电动机控制电路识图

8.1.1 三相交流电动机控制电路的组成

图 8-1　三相交流电动机控制电路的结构组成

如图 8-1 所示，三相交流电动机控制电路可控制电动机实现启动、运转、变速、制动、反转和停机等功能。三相交流电动机控制电路所用控制器件、三相交流电动机以及功能部件基本相同，但根据选用部件数量的不同以及部件间的不同组合，加之电路上的连接差异，从而实现对三相交流电动机不同工作状态的控制。

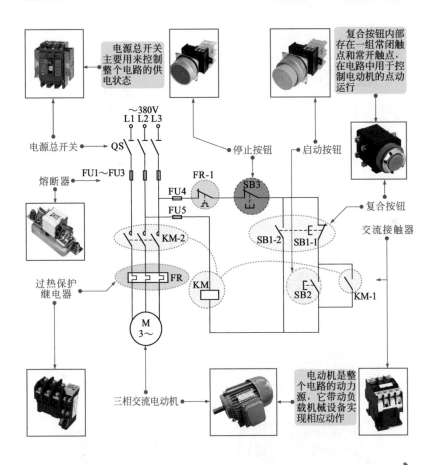

电源总开关主要用来控制整个电路的供电状态

复合按钮内部存在一组常闭触点和常开触点，在电路中用于控制电动机的点动运行

电源总开关

熔断器

过热保护继电器

停止按钮

启动按钮

复合按钮

交流接触器

三相交流电动机

电动机是整个电路的动力源，它带动负载机械设备实现相应动作

8.1.2　三相交流电动机控制电路的控制关系

图 8-2　三相交流电动机控制电路的控制关系

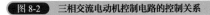

　　如图 8-2 所示，通过三相交流电动机的连接关系可以了解控制电路的结构和主要部件的控制关系。

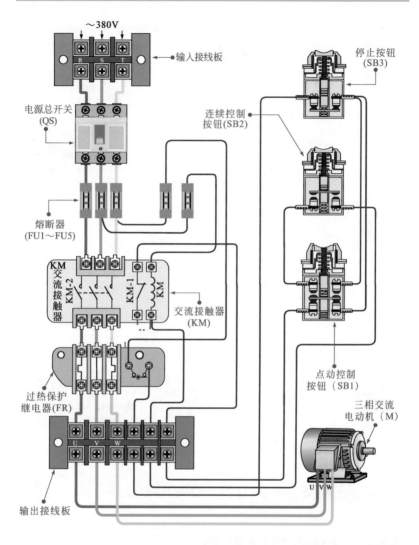

图 8-3　典型三相交流电动机控制电路的工作过程分析

如图 8-3 所示，从控制部件入手，逐一分析各组成部件的动作状态即可弄清三相交流电动机的控制过程。

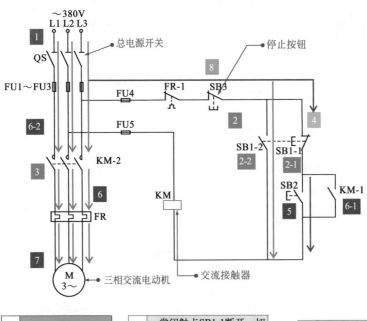

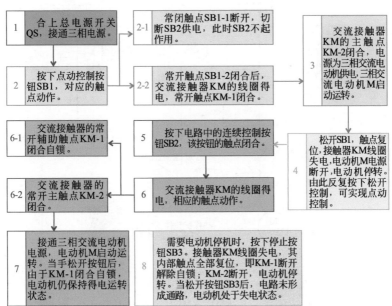

8.2 三相交流电动机正/反转控制电路的识读

8.2.1 三相交流电动机正/反转控制电路的结构与功能

图 8-4 三相交流电动机正 / 反转控制电路的结构与功能特点

如图 8-4 所示，采用接触器互锁的电动机正 / 反转控制电路中采用了两个接触器，即正转用的接触器 KM1 和反转用的接触器 KM2。通过控制电动机供电电路的相序进行正反转控制。

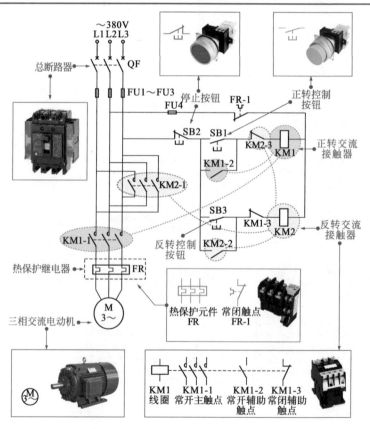

8.2.2 三相交流电动机正/反转控制电路的识读分析

图 8-5 三相交流电动机正 / 反转控制电路的识读分析

图8-5为三相交流电动机正/反转控制电路的识读分析过程。

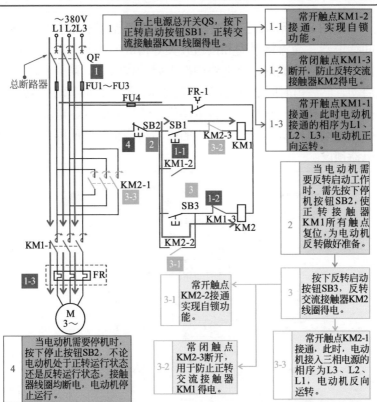

　　三相交流电动机的正反转控制电路通常采用改变接入电动机绕组的电源相序来实现的，从图中可看出该电路中采用了两只交流接触器（KM1、KM2）来换接电动机三相电源的相序，同时为保证两个接触器不能同时吸合（否则将造成电源短路的事故），在控制电路中采用了接触器互锁方式，即在接触器 KM1 线圈支路中串入 KM2 的常闭触点，KM2 线圈支路中串入 KM1 常闭触点。

从零学电工电路识图一本通

8.3　三相交流电动机联锁控制电路的识读

8.3.1　三相交流电动机联锁控制电路的结构与功能

图 8-6　三相交流电动机联锁控制电路的结构与功能特点

　　如图 8-6 所示，三相交流电动机联锁控制电路主要是由时间继电器、交流接触器和按钮开关等构成的控制电路、三相交流电动机等构成的。该电路中按下启动按钮后，第一台电动机启动，然后由时间继电器控制第二台电动机自动启动，停机时，按下停机按钮，断开第二台电动机，然后由时间继电器控制第一台电动机停机。两台电动机的启动和停止时间间隔由时间继电器预设。

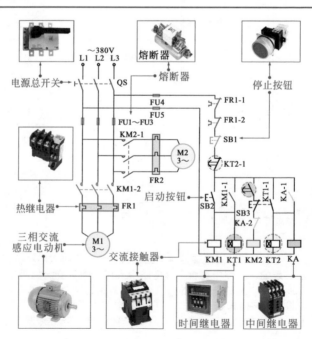

8.3.2　三相交流电动机联锁控制电路的识读分析

图 8-7　三相交流电动机联锁控制电路的识读分析

图 8-7 为三相交流电动机联锁控制电路的识读分析过程。

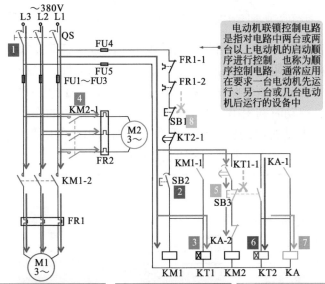

电动机联锁控制电路是指对电路中两台或两台以上电动机的启动顺序进行控制，也称为顺序控制电路，通常应用在要求一台电动机先运行、另一台或几台电动机后运行的设备中

1　合上电源总开关 QS，按下启动按钮 SB2，交流接触器 KM1 线圈得电，对应的触点动作。

2　其常开辅助触点 KM1-1 接通实现自锁功能；常开主触点 KM1-2 接通，电动机 M1 启动运转。

3　同时，时间继电器 KT1 线圈得电，延时常开触点 KT1-1 延时接通，接触器 KM2 线圈得电，对应的触点动作。

4　常开主触点 KM2-1 接通，电动机 M2 启动运转。

5　当电动机需要停机时，按下停止按钮 SB3，常闭触点断开，接触器 KM2 线圈失电，常开触点 KM2-1 断开，电动机 M2 停止运转。

6　同时，SB3 的常开触点接通，时间继电器 KT2 线圈得电，常闭触点 KT2-1 断开，接触器线圈 KM1 线圈失电，对应的触点复位。常开触点 KM1-2 断开，电动机 M1 停止运转。

7　按下 SB3 的同时，中间继电器 KA 线圈得电，常开触点 KA-1 接通，锁定 KA 继电器，即使停止按钮复位，电动机仍处于停机状态，常闭触点 KA-2 断开，保证线圈 KM2 不会得电。

8　紧急停止按钮用于当电路出现故障，需要立即停止电动机时，按下紧急停止按钮 SB1，从而切断电源供电，交流接触器、中间继电器及时间继电器等电气部件失电后，触点复位，两台电动机立即停机。

8.4 三相交流电动机串电阻减压启动控制电路的识读

8.4.1 三相交流电动机串电阻减压启动控制电路的结构与功能

图 8-8 三相交流电动机串电阻减压启动控制电路的结构与功能特点

　　如图 8-8 所示，三相交流电动机串电阻减压启动控制电路主要由降压电阻器、按钮开关、接触器等控制部件、三相交流电动机等构成。该电路是指在三相交流电动机定子电路中串入电阻器，启动时利用串入的电阻器启到降压、限流的作用，当三相交流电动机启动完毕后，再通过电路将串联的电阻短接，从而使三相交流电动机进入全压正常运行状态。

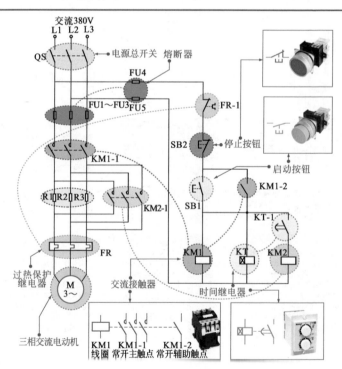

8.4.2 三相交流电动机串电阻减压启动控制电路的识读分析

图 8-9　三相交流电动机串电阻减压启动控制电路的识读分析

　　如图 8-9 所示，电动机串电阻减压启动控制电路工作过程包括减压启动、全压运行和停机 3 个过程。在电路中，从减压启动到全压运行的转换由时间继电器自动控制，无需手动控制按钮操作。

时间继电器是一种延时或周期性定时闭合、切断控制电路的器件。在该电路中主要用来延时控制电动机转为全压运行，保证电动机有一定的减压启动的时间

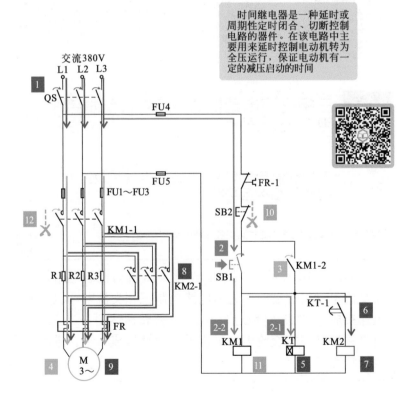

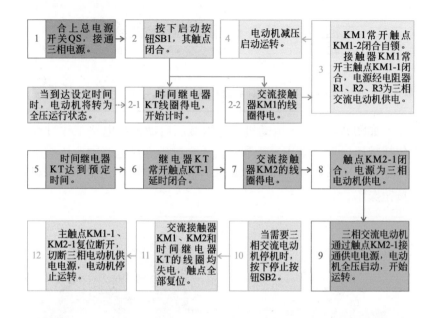

| 1 | 合上总电源开关QS，接通三相电源。 | → | 2 | 按下启动按钮SB1，其触点闭合。 | | 4 | 电动机减压启动运转。 | ← | 3 | KM1常开触点KM1-2闭合自锁。接触器KM1常开主触点KM1-1闭合，电源经电阻器R1、R2、R3为三相交流电动机供电。 |

| | 当到达设定时间时，电动机将转为全压运行状态。 | ← | 2-1 | 时间继电器KT线圈得电，开始计时。 | ← | 2-2 | 交流接触器KM1的线圈得电。 |

| 5 | 时间继电器KT达到预定时间。 | → | 6 | 继电器KT常开触点KT-1延时闭合。 | → | 7 | 交流接触器KM2的线圈得电。 | → | 8 | 触点KM2-1闭合，电源为三相电动机供电。 |

| 12 | 主触点KM1-1、KM2-1复位断开，切断三相电动机供电电源，电动机停止运转。 | ← | 11 | 交流接触器KM1、KM2和时间继电器KT的线圈均失电，触点全部复位。 | ← | 10 | 当需要三相交流电动机停机时，按下停止按钮SB2。 | ← | 9 | 三相交流电动机通过触点KM2-1接通供电电源，电动机全压启动，开始运转。 |

8.5 三相交流电动机Y-△减压启动控制电路的识读

8.5.1 三相交流电动机Y-△减压启动控制电路的结构与功能

图 8-10　三相交流电动机 Y-△减压启动控制电路的结构与功能　

　　如图 8-10 所示，电动机 Y-△降压启动控制电路是指三相交流电动机启动时，先由电路控制三相交流电动机定子绕组连接成 Y 形进入降压启动状态，待转速达到一定值后，再由电路控制三相交流电动机定子绕组换接成△形，进入全压运行状态。

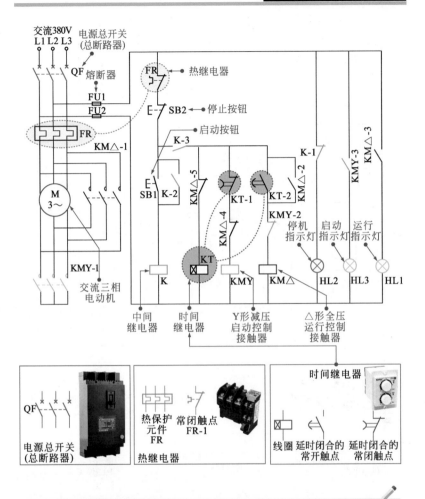

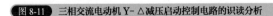

8.5.2 三相交流电动机Y-△减压启动控制电路的识读分析

图 8-11 三相交流电动机 Y-△减压启动控制电路的识读分析

　　图 8-11 为三相交流电动机 Y-△减压启动控制电路的识读分析过程。

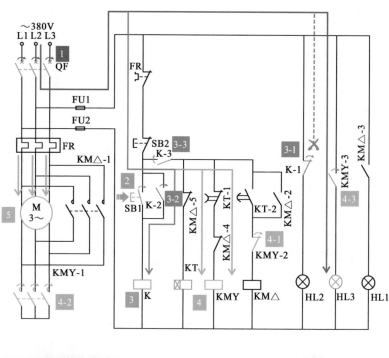

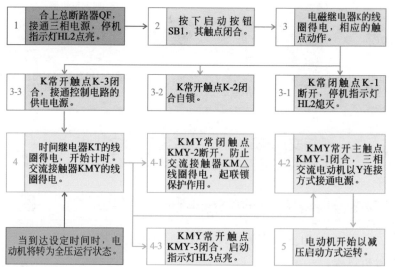

| 1 | 合上总断路器QF，接通三相电源，停机指示灯HL2点亮。 | → | 2 | 按下启动按钮SB1，其触点闭合。 | → | 3 | 电磁继电器K的线圈得电，相应的触点动作。 |

| 3-3 | K常开触点K-3闭合，接通控制电路的供电电源。 | | 3-2 | K常开触点K-2闭合自锁。 | | 3-1 | K常闭触点K-1断开，停机指示灯HL2熄灭。 |

| 4 | 时间继电器KT的线圈得电，开始计时。交流接触器KMY的线圈得电。 | | 4-1 | KMY常闭触点KMY-2断开，防止交流接触器KM△线圈得电，起联锁保护作用。 | | 4-2 | KMY常开主触点KMY-1闭合，三相交流电动机以Y连接方式接通电源。 |

| | 当到达设定时间时，电动机将转为全压运行状态。 | | 4-3 | KMY常开触点KMY-3闭合，启动指示灯HL3点亮。 | | 5 | 电动机开始以减压启动方式运转。 |

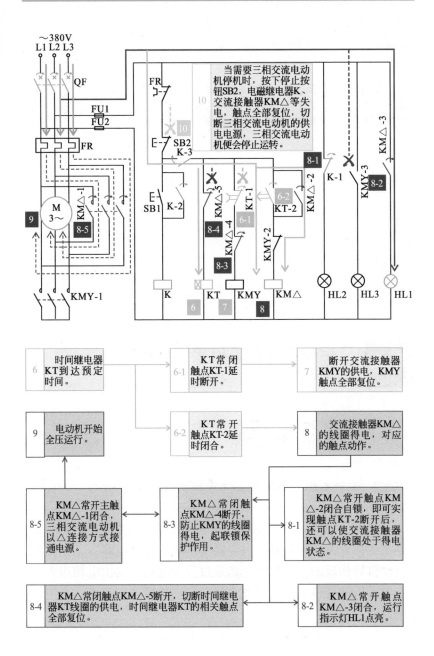

当需要三相交流电动机停机时,按下停止按钮SB2,电磁继电器K、交流接触器KM△等失电,触点全部复位,切断三相交流电动机的供电电源,三相交流电动机便会停止运转。

| 6 | 时间继电器KT到达预定时间。 | → | 6-1 | KT常闭触点KT-1延时断开。 | → | 7 | 断开交流接触器KMY的供电,KMY触点全部复位。 |

| 9 | 电动机开始全压运行。 | | 6-2 | KT常开触点KT-2延时闭合。 | → | 8 | 交流接触器KM△的线圈得电,对应的触点动作。 |

| 8-5 | KM△常开主触点KM△-1闭合,三相交流电动机以△连接方式接通电源。 | ↔ | 8-3 | KM△常闭触点KM△-4断开,防止KMY的线圈得电,起联锁保护作用。 | ← | 8-1 | KM△常开触点KM△-2闭合自锁,即可实现触点KT-2断开后,还可以使交流接触器KM△的线圈处于得电状态。 |

| 8-4 | KM△常闭触点KM△-5断开,切断时间继电器KT线圈的供电,时间继电器KT的相关触点全部复位。 | → | 8-2 | KM△常开触点KM△-3闭合,运行指示灯HL1点亮。 |

图 8-12　三相交流电动机绕组的接线方式

如图 8-12 所示，当三相交流电动机采用 Y 连接时（减压启动），三相交流电动机每相承受的电压均为 220V；当三相交流电动机采用△连接时（全压运行），三相交流电动机每相绕组承受的电压为 380V。

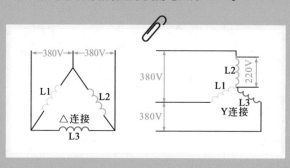

8.6　三相交流电动机反接制动控制电路的识读

8.6.1　三相交流电动机反接制动控制电路的结构与功能

图 8-13　三相交流电动机反接制动控制电路的结构与功能特点

如图 8-13 所示，电动机反接制动控制电路主要由速度继电器、按钮开关、接触器、继电器等构成的控制电路、三相交流电动机等构成的，该电路是指通过反接电动机的供电相序来改变电动机的旋转方向，以此来降低电动机转速，最终达到停机的目的。

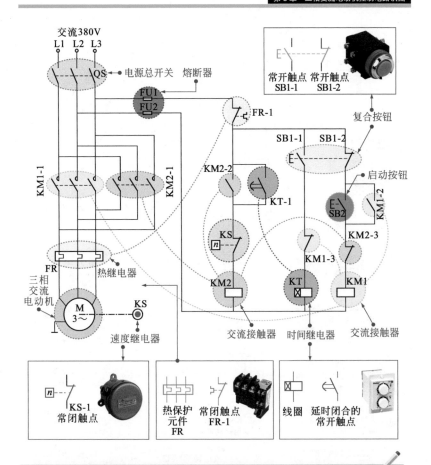

8.6.2 三相交流电动机反接制动控制电路的识读分析

图 8-14 三相交流电动机反接制动控制电路的识读分析

　　如图 8-14 所示，电动机在反接制动时，电路会改变电动机定子绕组的电源相序，使之有反转趋势而产生较大的制动力矩，从而迅速地使电动机的转速降低，最后通过速度继电器来自动切断制动电源，确保电动机不会反转。

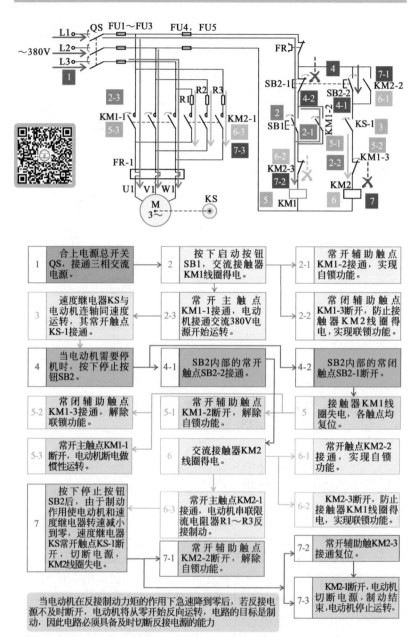

1	合上电源总开关QS，接通三相交流电源。	2	按下启动按钮SB1，交流接触器KM1线圈得电。	2-1	常开辅助触点KM1-2接通，实现自锁功能。
3	速度继电器KS与电动机连轴同速度运转，其常开触点KS-1接通。	2-3	常开主触点KM1-1接通，电动机接通交流380V电源开始运转。	2-2	常闭辅助触点KM1-3断开，防止接触器KM2线圈得电，实现联锁功能。
4	当电动机需要停机时，按下停止按钮SB2。	4-1	SB2内部的常开触点SB2-2接通。	4-2	SB2内部的常闭触点SB2-1断开。
5-2	常闭辅助触点KM1-3接通，解除联锁功能。	5-1	常开辅助触点KM1-2断开，解除自锁功能。	5	接触器KM1线圈失电，各触点均复位。
5-3	常开主触点KM1-1断开，电动机断电做惯性运转。	6	交流接触器KM2线圈得电。	6-1	常开触点KM2-2接通，实现自锁功能。
7	按下停止按钮SB2后，由于制动作用使电动机和速度继电器转速减小到零，速度继电器KS常开触点KS-1断开，切断电源，KM2线圈失电。	6-3	常开主触点KM2-1接通，电动机串联限流电阻器R1~R3反接制动。	6-2	KM2-3断开，防止接触器KM1线圈得电，实现联锁功能。
		7-1	常开辅助触点KM2-2断开，解除自锁功能。	7-2	常开辅助触KM2-3接通复位。

当电动机在反接制动力矩的作用下急速降到零后，若反接电源不及时断开，电动机将从零开始反向运转，电路的目标是制动，因此电路必须具备及时切断反接电源的能力

7-3 KM2-1断开，电动机切断电源，制动结束，电动机停止运转。

图 8-15 三相交流电动机另外一种反接制动控制电路的识读分析

　　如图 8-15 所示，还有一种比较常见的三相交流电动机反接制动控制电路，该类电路中，由按钮开关控制的三相交流电动机的反接制动，电动机绕组相序改变由控制按钮控制，可在电路需要制动时，手动操作实现。

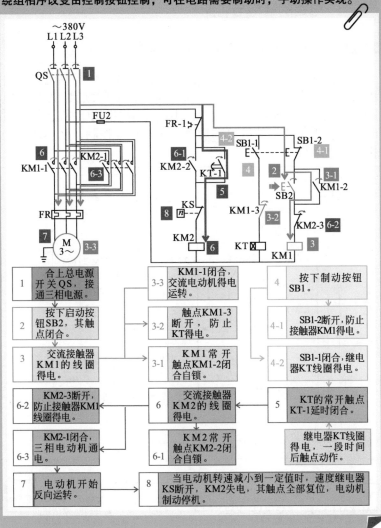

1	合上总电源开关 QS，接通三相电源。	KM1-1闭合，交流电动机得电运转。 3-3	按下制动按钮 SB1。 4
2	按下启动按钮 SB2，其触点闭合。	触点KM1-3断开，防止KT得电。 3-2	SB1-2断开，防止接触器KM1得电。 4-1
3	交流接触器 KM1 的线圈得电。	KM1 常开触点KM1-2闭合自锁。 3-1	SB1-1闭合，继电器KT线圈得电。 4-1
KM2-3断开，防止接触器KM1线圈得电。 6-2	交流接触器 KM2 的线圈得电。 6	KT的常开触点KT-1延时闭合。 5	
KM2-1闭合，三相电动机通电。 6-3	KM2 常开触点KM2-2闭合自锁。 6-1	继电器KT线圈得电，一段时间后触点动作。	
7	电动机开始反向运转。	当电动机转速减小到一定值时，速度继电器KS断开，KM2失电，其触点全部复位，电动机制动停机。 8	

119

8.7 三相交流电动机间歇启/停控制电路的识读

8.7.1 三相交流电动机间歇启/停控制电路的结构与功能

图 8-16 三相交流电动机间歇启/停控制电路的结构与功能特点

如图 8-16 所示，三相交流电动机间歇启/停控制电路主要由时间继电器与接触器、控制按钮等构成的间歇启/停控制电路、三相交流电动机等构成，该电路是指控制电动机运行一段时间，自动停止，然后自动启动，这样反复控制，来实现电动机的间歇运行。

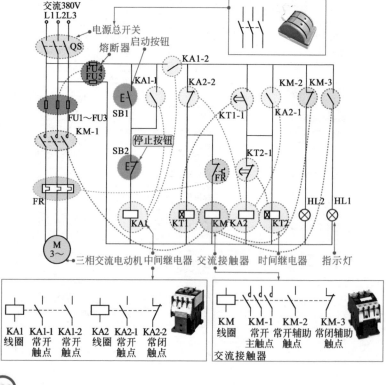

8.7.2 三相交流电动机间歇启/停控制电路的识读分析

图 8-17 三相交流电动机间歇启 / 停控制电路的识读分析

　　如图 8-17 所示，通常三相交流电动机的间歇运行是通过时间继电器进行控制的，通过预先对时间继电器的延迟时间进行设定，从而实现对电动机启动时间和停机时间的控制。

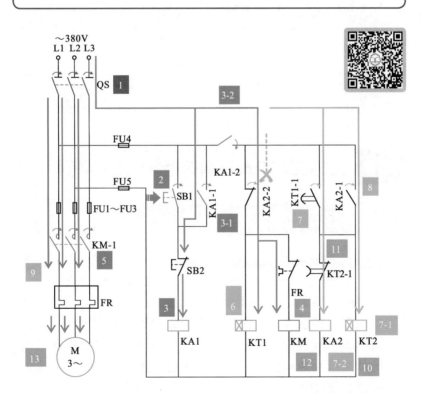

| 1 | 合上总电源开关QS，接通三相电源。 | → | 2 | 按下启动按钮SB1，其触点闭合。 | → | 3 | 中间继电器KA1的线圈得电。 | → | 3-1 | KA1的常开触点KA1-1闭合，实现自锁功能。 |

| 5 | KM的常开触点KM-1闭合，电动机得电启动运转。 | ← | 4 | 时间继电器KT1的线圈得电，开始计时。当达到设定时间时，电动机将转为停机状态。同时，交流接触器KM的线圈得电，相应的触点动作。 | ← | 3-2 | KA1的常开触点KA1-2闭合，接通控制电路的供电电源。 |

| 6 | 当时间继电器KT1到达预定的延时时间后，触点动作。 | → | 7 | KT1-1闭合，时间和中间继电器线圈得电。 | → | 7-1 | 时间继电器KT2的线圈得电，开始计时。 | ⇠ | 当达到设定时间时，电动机将重新启动运行，具体启动过程如上所述。 |

| 9 | 触点KA2-2断开，交流接触器KM和时间继电器KT1的线圈失电。触点KM-1复位断开，切断三相交流电动机供电电源，电动机停止运转。 | ← | 7-2 | 中间继电器KA2的线圈得电，对应触点动作。 | ← | 8 | 中间继电器KA2常开触点KA2-1闭合，实现自锁功能。 |

| 10 | 当时间继电器KT2到达延时时间后，触点全部动作。 | → | 11 | 此时，时间继电器KT2的常闭触点KT2-1断开。 | → | 12 | 继电器KA2和KT2的线圈失电，触点全部复位。 | → | 13 | 交流接触器KM和时间继电器KT1的线圈再次得电，电动机再次启动。 |

8.8 三相交流电动机调速控制电路的识读

8.8.1 三相交流电动机调速控制电路的结构与功能

图 8-18 三相交流电动机调速控制电路的结构与功能特点

　　如图 8-18 所示，三相交流电动机调速控制电路主要由时间继电器、接触器、按钮开关等组成的调速控制电路、三相交流电动机等构成的。该电路是指利用时间继电器控制电动机的低速或高速运转，用户可以通过低速运转按钮和高速运转按钮实现对电动机低速和高速运转的切换控制。

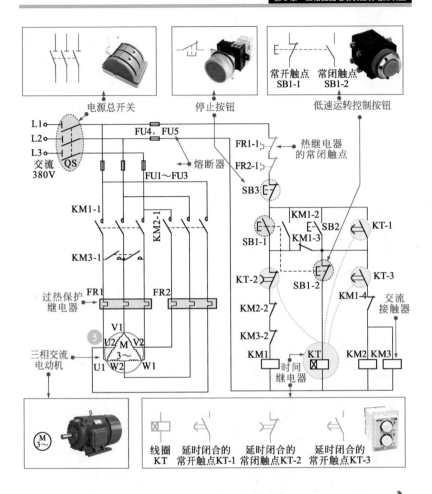

8.8.2 三相交流电动机调速控制电路的识读分析

图 8-19　三相交流电动机调速控制电路的识读分析

图 8-19 为三相交流电动机调速控制电路的识读分析过程。

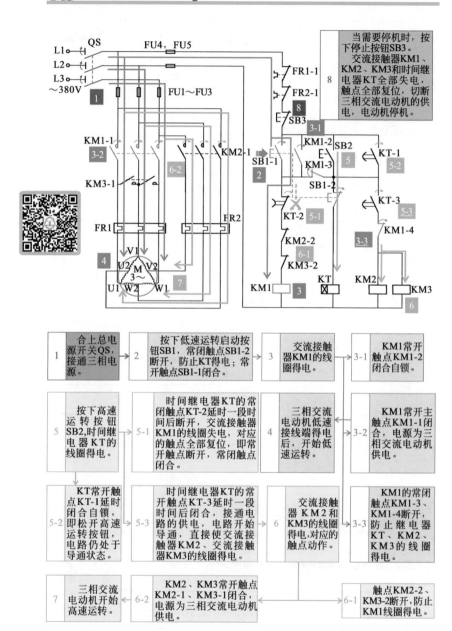

8.9 两台三相交流电动机间歇交替工作控制电路的识读

8.9.1 两台三相交流电动机间歇交替工作控制电路的结构与功能

图 8-20　两台三相交流电动机间歇交替工作控制电路的结构与功能特点

　　如图 8-20 所示，两台三相交流电动机间歇交替工作控制电路主要由时间继电器、接触器、按钮开关等构成的间歇控制电路和两台三相交流电动机构成的。该电路主要实现两台三相交流电动机自动交替启动运转和停止的控制功能。

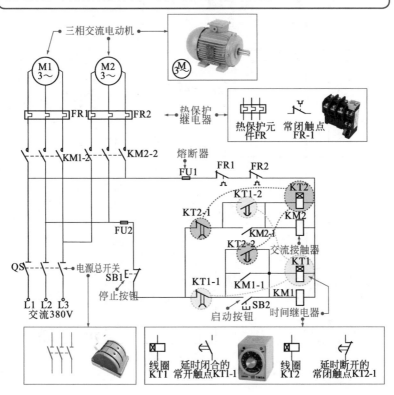

8.9.2 两台三相交流电动机间歇交替工作控制电路的识读分析

图 8-21　两台三相交流电动机间歇交替工作控制电路的识读分析

　　如图 8-21 所示，在两台电动机交替控制间歇控制电路中，利用时间继电器延时动作的特点，间歇控制两台电动机的工作，达到电动机交替工作的目的。

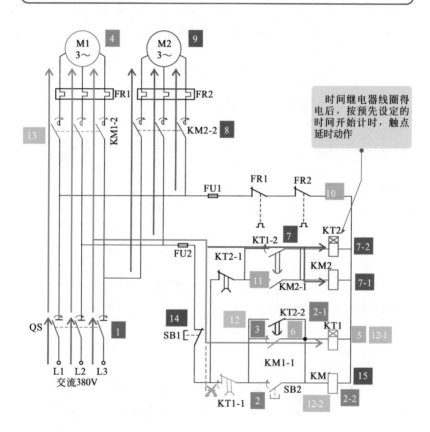

时间继电器线圈得电后，按预先设定的时间开始计时，触点延时动作

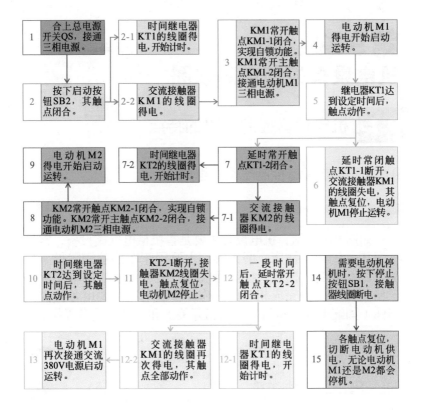

1	合上总电源开关QS，接通三相电源。	2-1	时间继电器KT1的线圈得电，开始计时。	3	KM1常开触点KM1-1闭合，实现自锁功能。KM1常开主触点KM1-2闭合，接通电动机M1三相电源。	4	电动机M1得电开始启动运转。
2	按下启动按钮SB2，其触点闭合。	2-2	交流接触器KM1的线圈得电。			5	继电器KT1达到设定时间后，触点动作。
9	电动机M2得电开始启动运转。	7-2	时间继电器KT2的线圈得电，开始计时。	7	延时常开触点KT1-2闭合。	6	延时常闭触点KT1-1断开，交流接触器KM1的线圈失电，其触点复位，电动机M1停止运转。
8	KM2常开触点KM2-1闭合，实现自锁功能。KM2常开主触点KM2-2闭合，接通电动机M2三相电源。	7-1	交流接触器KM2的线圈得电。				
10	时间继电器KT2达到设定时间后，其触点动作。	11	KT2-1断开，接触器KM2线圈失电，触点复位，电动机M2停止。	12	一段时间后，延时常开触点KT2-2闭合。	14	需要电动机停机时，按下停止按钮SB1，接触器线圈断电。
13	电动机M1再次接通交流380V电源启动运转。	12-2	交流接触器KM1的线圈再次得电，其触点全部动作。	12-1	时间继电器KT1的线圈得电，开始计时。	15	各触点复位，切断电动机供电，无论电动机M1还是M2都会停机。

第9章
机电设备控制电路识图

9.1 机电设备控制电路的特点

9.1.1 机电设备控制电路的组成

图 9-1 机电设备控制电路的结构组成

如图 9-1 所示，机电设备主要是指机械电气类设备，常见有车床、铣床、钻床、磨床等，主要用于车削精密零件，加工公制、英制、模数、径节螺纹等。机电设备控制电路则用于控制机电设备完成相应的工作，控制电路主要由各种控制部件（如继电器、接触器、按钮开关）和电动机设备等构成。

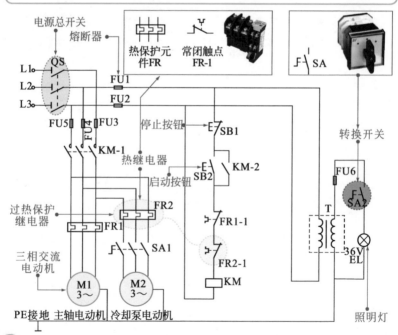

9.1.2 机电设备控制电路的控制关系

图 9-2 机电设备控制电路的控制关系

图 9-2 为典型机电设备控制电路的控制关系，根据控制部件与电动机设备之间的线路连接情况，理清电路的控制关系。

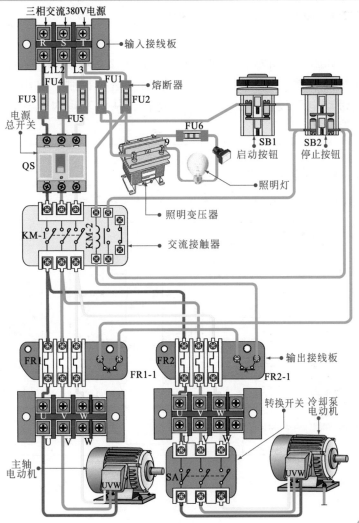

识读典型机电设备控制电路时，应从电路图中各主要部件的功能特点和连接关系入手，对整个机电设备控制电路的工作流程进行细致的解析，搞清机电设备控制电路的工作过程和控制细节，完成机电设备控制电路的识读。

图 9-3　典型机电设备控制电路的控制过程分析

如图 9-3 所示，典型车床共配置了 2 台电动机，依靠启动按钮、停止按钮以及交流接触器等进行控制，再由电动机带动电气设备中的机械部件运作，从而实现对电气设备的控制。

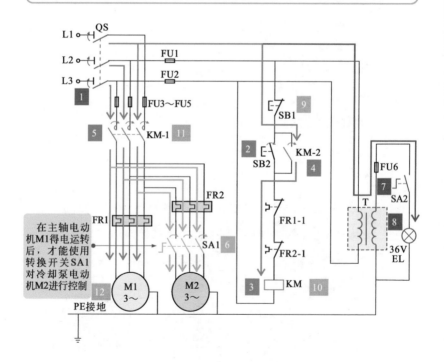

在主轴电动机M1得电运转后，才能使用转换开关SA1对冷却泵电动机M2进行控制

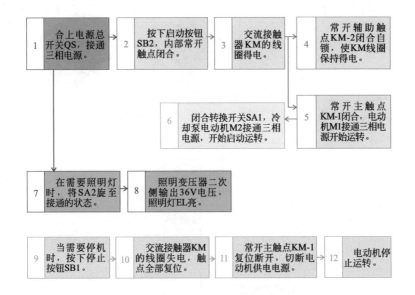

1 合上电源总开关QS，接通三相电源。

2 按下启动按钮SB2，内部常开触点闭合。

3 交流接触器KM的线圈得电。

4 常开辅助触点KM-2闭合自锁，使KM线圈保持得电。

5 常开主触点KM-1闭合，电动机M1接通三相电源开始运转。

6 闭合转换开关SA1，冷却泵电动机M2接通三相电源，开始启动运转。

7 在需要照明灯时，将SA2旋至接通的状态。

8 照明变压器二次侧输出36V电压，照明灯EL亮。

9 当需要停机时，按下停止按钮SB1。

10 交流接触器KM的线圈失电，触点全部复位。

11 常开主触点KM-1复位断开，切断电动机供电电源。

12 电动机停止运转。

9.2 货物升降机控制电路的识读

9.2.1 货物升降机控制电路的结构与功能

图 9-4 货物升降机控制电路的结构与功能特点

　　如图 9-4 所示，货物升降机控制电路主要由限位开关、控制按钮、继电器、接触器构成的控制电路和电动机设备构成。该电路主要用于控制升降机自动在两个高度升降作业（如两层楼房），即将货物提升到固定高度，等待一段时间后，升降机会自动下降到规定高度，以便进行下一次提升搬运。

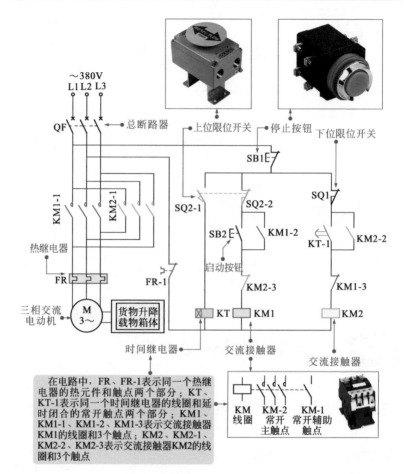

在电路中，FR、FR-1表示同一个热继电器的热元件和触点两个部分；KT、KT-1表示同一个时间继电器的线圈和延时闭合的常开触点两个部分；KM1、KM1-1、KM1-2、KM1-3表示交流接触器KM1的线圈和3个触点；KM2、KM2-1、KM2-2、KM2-3表示交流接触器KM2的线圈和3个触点

9.2.2 货物升降机控制电路的识读分析

图 9-5 货物升降机控制电路的识读分析

　　如图 9-5 所示，识读货物升降机控制电路，主要是根据电路中各部件的功能特点和连接关系，分析和理清电气部件之间的控制关系和过程。

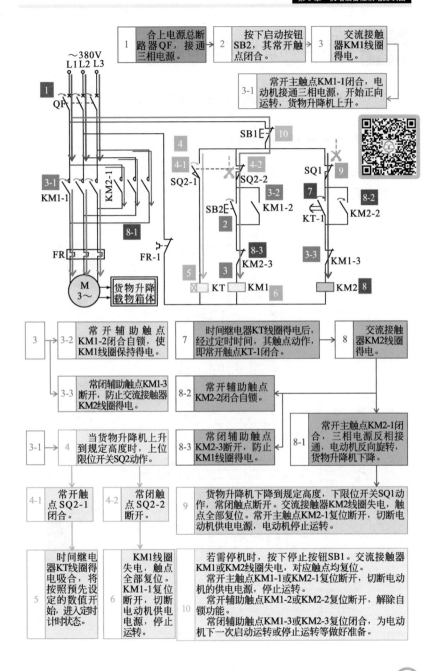

9.3 典型车床控制电路的识读

9.3.1 典型车床控制电路的结构与功能

图 9-6 典型车床控制电路的结构与功能特点

如图 9-6 所示，车床适用于车削精密零件。典型车床控制电路共配置了 3 台电动机，分别通过交流接触器进行控制。

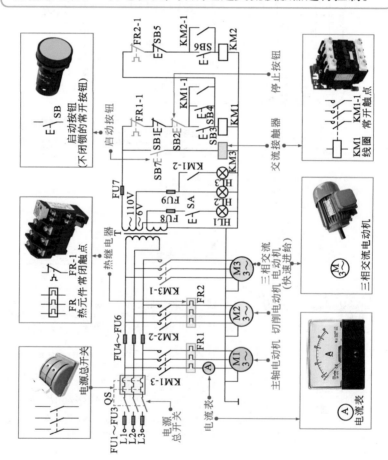

9.3.2 典型车床控制电路的识读分析

图 9-7 典型车床控制电路的识读分析

图 9-7 为典型车床控制电路的识读分析过程。

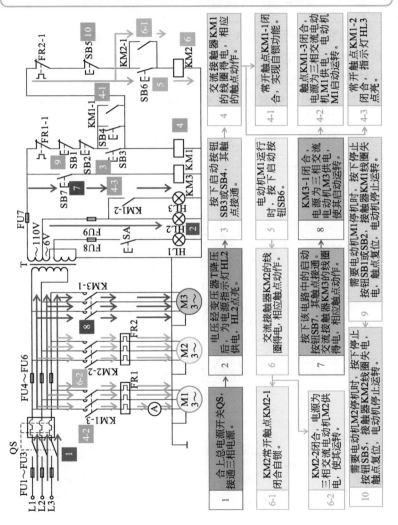

图 9-7 典型车床控制电路的识读分析

9.4 典型铣床控制电路的识读

9.4.1 典型铣床控制电路的结构与功能

 图 9-8 典型铣床控制电路的结构与功能特点

如图 9-8 所示，铣床用于对工件进行铣削加工。该电路中共配置了两台电动机。其中，铣头电动机 M2 采用调速和正反转控制，可根据加工工件对其运转方向及旋转速度进行设置；冷却泵电动机则根据需要通过转换开关直接进行控制。

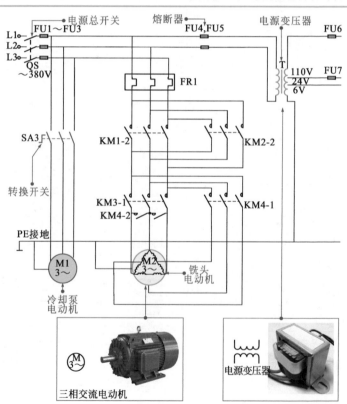

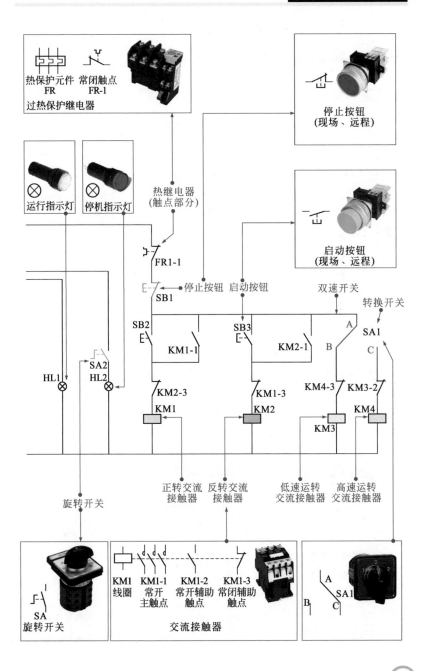

9.4.2 典型铣床控制电路的识读分析

图 9-9　典型铣床控制电路的识读分析

图 9-9 为典型铣床控制电路的识读分析过程。

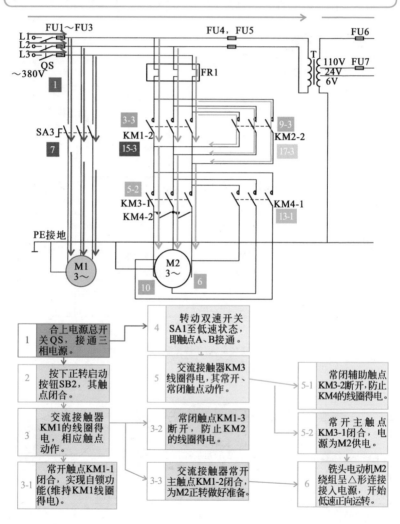

7　冷却泵电动机M1通过转换开关SA3直接进行启停的控制，在机床工作工程中，当需要为铣床提供冷却液时，可合上转换开关SA3，接通冷却泵电动机M1的供电电压，电动机M1启动运转。
若机床工作过程中不需要开启冷却泵电动机时，将转换开关SA3断开，切断供电电源，冷却泵电动机M1停止运转。

8　当铣头电动机M2需要低速反转运转加工工件时，按下反转启动按钮SB3，其内部常开触点闭合。

9　交流接触器KM2线圈得电。

9-1　KM2的常开辅助触点KM2-1接通，实现自锁功能。

9-2　KM2的常闭辅助触点KM2-3断开，防止接触器KM1线圈得电，实现联锁功能。

9-3　KM2的常开主触点KM2-2接通，铣头电动机M2绕组呈△形连接。

10　铣头电动机M2低速反转启动运转。

FR1-1　18　SB1　16　11
SB2　2　KM1-1　3-1　SB3　8　9-1　4　A　11-2　SA1
14　15-1　17-1　11-1　B　C
SA2　HL1　HL2　15-2　3-2　13-2　KM3-2
KM2-3　9-2　17-2　KM1-3　KM4-3　5-1　13
3　KM1　15　17　KM2　9　12　KM3　KM4

11　当铣头电动机M2需要高速正转运转加工工件时，将双速开关SA1拨至高速运转位置。

11-1　SA1的A、B点断开。

11-2　SA1的A、C点接通。

12　交流接触器KM3线圈失电，触点复位，电动机低速运转停止。

13　控制线路中的交流接触器KM4的线圈得电。

13-1　常开主触点KM4-1、KM4-2接通，为铣头电动机M2高速运转做好准备。

13-2　常闭辅助触点KM4-3断开，防止接触器KM3线圈得电，起联锁保护作用。

14　按下正转启动按钮SB2，其内部常开触点闭合。

15　交流接触器KM1线圈得电。

15-1　KM1的常开辅助触点KM1-1接通，实现自锁功能。

15-2　KM1的常闭辅助触点KM1-3断开，防止接触器KM2线圈得电，实现联锁功能。

15-3　KM1的常开主触点KM1-2接通，铣头电动机M2绕组呈YY形高速正转启动运转。

16　当铣头电动机M2需要高速反转运转加工工件时，按下反转启动按钮SB3，其内部常开触点闭合。

17　交流接触器KM2线圈得电。

17-1　常开辅助触点KM2-1接通，实现自锁功能。

17-2　常闭辅助触点KM2-3断开，防止接触器KM1线圈得电，实现联锁功能。

17-3　常开主触点KM2-2接通，铣头电动机M2绕组呈YY形高速反转启动运转。

18　当铣削加工操作完成后，按下停止按钮SB1，无论铣头电动机M2于任何方向或速度运转，接触器线圈均失电，铣头电动机M2停止运转。

9.5 典型摇臂钻床控制电路的识读

9.5.1 典型摇臂钻床控制电路的结构与功能

图 9-10　典型摇臂钻床控制电路的结构与功能特点

如图 9-10 所示，摇臂钻床主要用于对工件进行钻孔、扩孔、铰孔、镗孔及攻螺纹等，具有摇臂自动升降、主轴自动进刀、机械传动、夹紧、变速等功能。该钻床设有四台电动机，分别由相应控制部件控制，实现机械加工功能。

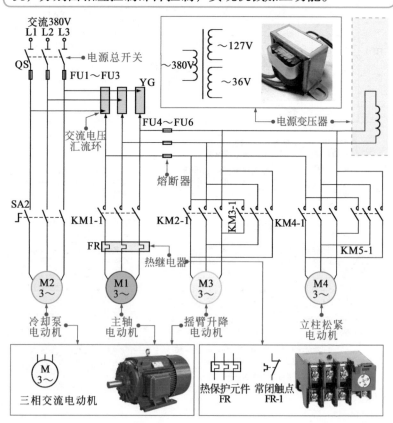

典型摇臂钻床的电气控制要求：主轴电动机一般为笼型电动机，主要完成摇臂钻床的主轴旋转运动和进给运动。由于主轴正、反向旋转运动通过机械转换实现，因此主轴电动机只有一个旋转方向。

摇臂沿外立柱的上下移动是由一台摇臂升降电动机正、反转实现的。要求摇臂升降电动机能双向启动。立柱的松紧也是由电动机的转向来实现的，要求立柱松紧电动机能双向启动。

采用十字开关对主轴电动机和摇臂升降电动机进行操作。

十字开关 SA1 由十字手柄和四个行程开关 SA1–1 ～ SA1–4 构成，根据工作需要，可将手柄分别扳到左、右、上、下和中间位置。当手柄处在中间位置时，全部处于断开状态。十字开关 SA1 的四个行程开关处于不同位置的工作情况见右表所列。

手柄位置	接通微动开关的触点	工作情况
中	都不通	停止
左	SA1–1	控制电路电源接通触点
右	SA1–2	主轴运转触点
上	SA1–3	摇臂上升触点
下	SA1–4	摇臂下降触点

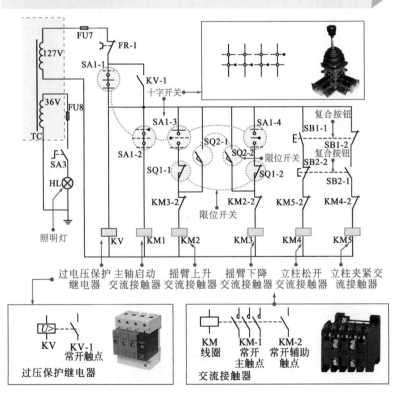

9.5.2 典型摇臂钻床控制电路的识读分析

图 9-11 典型摇臂钻床控制电路的识读分析

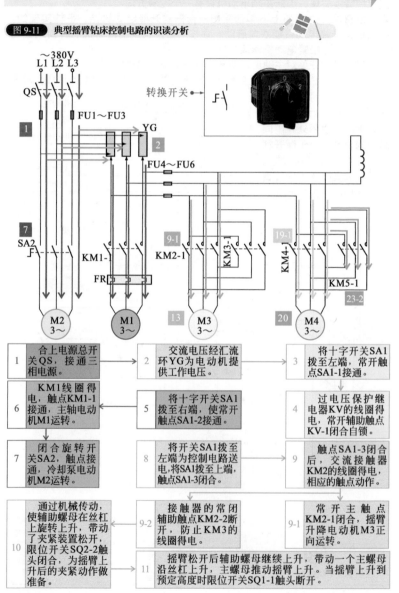

1 合上电源总开关QS，接通三相电源。	2 交流电压经汇流环YG为电动机提供工作电压。	3 将十字开关SA1拨至左端，常开触点SA1-1接通。
6 KM1线圈得电，触点KM1-1接通，主轴电动机M1运转。	5 将十字开关SA1拨至右端，使常开触点SA1-2接通。	4 过电压保护继电器KV的线圈得电，常开辅助触点KV-1闭合自锁。
7 闭合旋转开关SA2，触点接通，冷却泵电动机M2运转。	8 将开关SA1拨至左端为控制电路送电，将SA1拨至上端，触点SA1-3闭合。	9 触点SA1-3闭合后，交流接触器KM2的线圈得电，相应的触点动作。
10 通过机械传动，使辅助螺母在丝杠上旋转上升，带动了夹紧装置松开，限位开关SQ2-2触头闭合，为摇臂上升后的夹紧动作做准备。	9-2 接触器的常闭辅助触点KM2-2断开，防止KM3的线圈得电。	9-1 常开主触点KM2-1闭合，摇臂升降电动机M3正向运转。
	11 摇臂松开后辅助螺母继续上升，带动一个主螺母沿丝杠上升，主螺母推动摇臂上升。当摇臂上升到预定高度时限位开关SQ1-1触头断开。	

如图 9-11 所示，Z35 型摇臂钻床的主运动由主轴带动钻头旋转；进给运动是钻头运动时主轴箱摇臂导轨水平移动、摇臂沿外立柱上下移动和摇臂连同外立柱一起相对的上下移动；辅助于内立柱的回转。

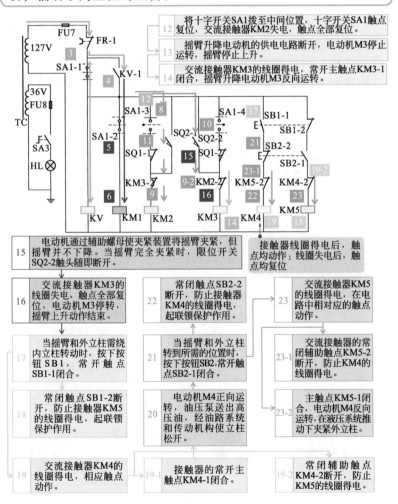

12	将十字开关SA1拨至中间位置，十字开关SA1触点复位，交流接触器KM2失电，触点全部复位。
13	摇臂升降电动机的供电电路断开，电动机M3停止运转，摇臂停止上升。
14	交流接触器KM3的线圈得电，常开主触点KM3-1闭合，摇臂升降电动机M3反向运转。

| 15 | 电动机通过辅助螺母夹紧装置将摇臂夹紧，但摇臂并不下降。当摇臂完全夹紧时，限位开关SQ2-2触头随即断开。 |

接触器线圈得电后，触点均动作；线圈失电后，触点均复位

16	交流接触器KM3的线圈失电，触点全部复位，电动机M3停转，摇臂上升动作结束。
22	常闭触点SB2-2断开，防止接触器KM4的线圈得电，起联锁保护作用。
23	交流接触器KM5的线圈得电，在电路中相应的触点动作。

17	当摇臂和外立柱需绕内立柱转动时，按下按钮SB1，常开触点SB1-1闭合。
21	当摇臂和外立柱转到所需的位置时，按下按钮SB2，常开触点SB2-1闭合。
23-1	交流接触器的常闭辅助触点KM5-2断开，防止KM4的线圈得电。

18	常闭触点SB1-2断开，防止接触器KM5的线圈得电，起联锁保护作用。
20	电动机M4正向运转，油压泵送出高压油，经油路系统和传动机构使立柱松开。
23-2	主触点KM5-1闭合，电动机M4反向运转，在液压系统推动下夹紧外立柱。

19	交流接触器KM4的线圈得电，相应触点动作。
19-1	接触器的常开主触点KM4-1闭合。
19-2	常闭辅助触点KM4-2断开，防止KM5的线圈得电。

9.6 典型磨床控制电路的识读

9.6.1 典型磨床控制电路的结构与功能

图 9-12 典型磨床控制电路的结构与功能特点

　　如图 9-12 所示，典型平面磨床是一种以砂轮为刀具来精确而有效地进行工件表面加工的机床，该机床设备共配置了 3 台电动机。可以看到，砂轮电动机 M1 和冷却泵电动机 M2 都是由接触器 KM1 进行控制的，液压泵电动机 M3 则由接触器 KM2 单独控制。

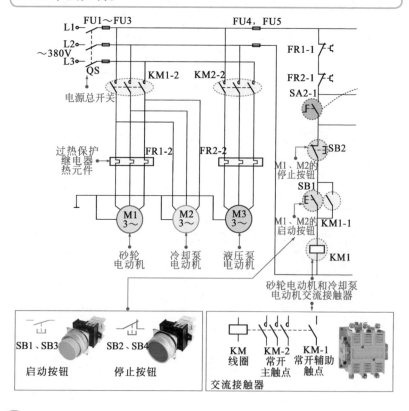

典型磨床控制电路中，电阻器 R1 和电容器 C 用于防止由变压器 T1 输出的交流电压有过压情况。

电阻器 R2 用于吸收电磁吸盘 YH 瞬间断电释放的电磁能量，保证线圈及其他元件不会损坏。

可变电阻器 RP 用于调整欠电流继电器的电流检测范围。

电源变压器 T1、T2 将交流高压降为交流低压。

整流二极管 VD1 ～ VD4 构成桥式整流电路，用于将 T1 输出的交流低压整流为直流电压，为欠电流继电器、电磁吸盘等提供直流电源。

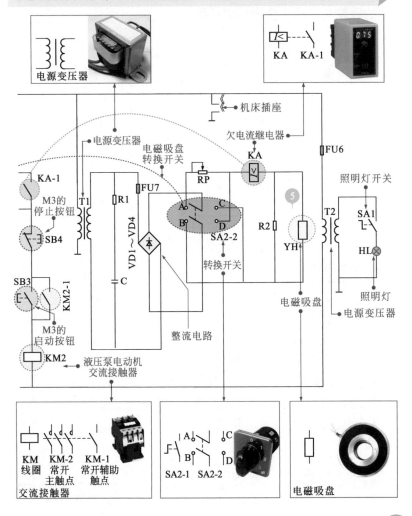

9.6.2 典型磨床控制电路的识读分析

图 9-13 典型磨床控制电路的识读分析

　　如图 9-13 所示，典型磨床的控制电路通过操作按钮开关来控制砂轮电动机和液压泵电动机的运转，并带动机床设备中的砂轮和进给工作台相应动作。

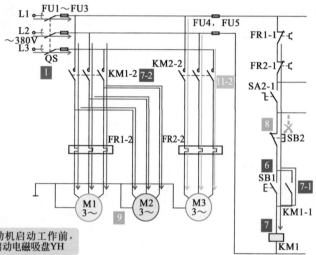

电动机启动工作前，需先启动电磁吸盘YH

| 1 | 合上电源总开关QS，接通三相电源。 |

将电磁吸盘转换开关SA2拨至吸合位置，其常开触点SA2-2接通A点、B点，交流电压经变压器T1降压后，再经桥式整流堆VD1～VD4整流后输出110V直流电压，加到欠电流继电器KA线圈的两端。

3-1　KA的常开触点KA-1闭合，为接触器KM1、KM2得电做好准备，即为砂轮电动机M1、冷却泵电动机M1和液压泵电动机M3的启动做好准备。

3　欠电流继电器KA的线圈得电吸合。

3-2　系统供电经欠电流继电器KA检测正常后，110V直流电压加到电磁吸盘YH的两端，将工件吸牢。

4　磨削完成后，将电磁吸盘转换开关SA2拨至放松位置，SA2的常开触点SA2-2断开，电磁吸盘YH线圈失电。但由于吸盘和工件都有剩磁，因此还需要对电磁吸盘进行去磁操作。再将SA拨至去磁位置，常开触点SA2-2接通C点、D点，电磁吸盘YH线圈接通一个反向去磁电流，进行去磁操作。

5　当去磁操作需要停止时，再将电磁吸盘转换开关SA2拨至放松位置，触点断开，电磁吸盘线圈YH失电，停止去磁。

4

| 6 | 当需要启动砂轮电动机M1和冷却泵电动机M2时，按下启动按钮SB1，其内部常开触点闭合。 | → | 7 | 交流接触器KM1的线圈得电吸合，其触点动作。 | → | 7-1 | KM1的常开辅助触点KM1-1闭合，实现自锁功能。 |
| | | | | | | 7-2 | KM1的常开主触点KM1-2闭合，接通砂轮电动机M1和冷却泵电动机M2的供电电源，两台电动机同时启动运转。 |

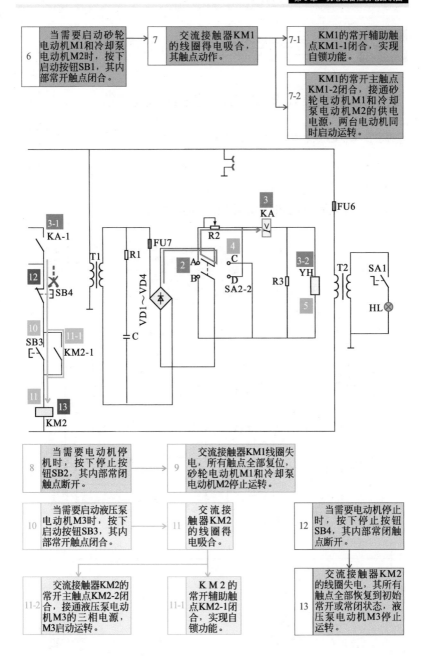

| 8 | 当需要电动机停机时，按下停止按钮SB2，其内部常闭触点断开。 | → | 9 | 交流接触器KM1线圈失电，所有触点全部复位，砂轮电动机M1和冷却泵电动机M2停止运转。 |

| 10 | 当需要启动液压泵电动机M3时，按下启动按钮SB3，其内部常开触点闭合。 | → | 11 | 交流接触器KM2的线圈得电吸合。 | | 12 | 当需要电动机停止时，按下停止按钮SB4，其内部常闭触点断开。 |
| 11-2 | 交流接触器KM2的常开主触点KM2-2闭合，接通液压泵电动机M3的三相电源，M3启动运转。 | | 11-1 | KM2的常开辅助触点KM2-1闭合，实现自锁功能。 | | 13 | 交流接触器KM2的线圈失电，其所有触点全部恢复到初始常开或常闭状态，液压泵电动机M3停止运转。 |

9.7 典型立式铣床控制电路的识读

9.7.1 典型立式铣床控制电路的结构与功能

图 9-14 典型立式铣床控制电路的结构与功能特点

如图 9-14 所示，典型立式升降台铣床用于加工中小型零件的平面、斜度平面及成形表面。这些功能是由 3 个不同功能的三相交流电动机带动机械部件实现的。

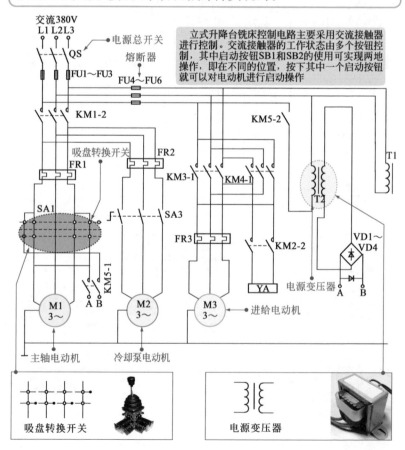

立式升降台铣床控制电路主要采用交流接触器进行控制。交流接触器的工作状态由多个按钮控制，其中启动按钮SB1和SB2的使用可实现两地操作，即在不同的位置，按下其中一个启动按钮就可以对电动机进行启动操作

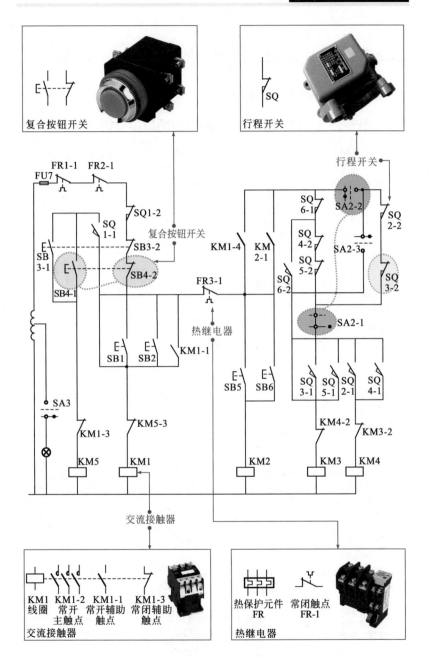

9.7.2 典型立式铣床控制电路的识读分析

 图 9-15 典型立式铣床控制电路的识读分析

图 9-15 为典型立式铣床控制电路的识读分析过程。

识读分析立式铣床控制电路的工作过程,主要根据功能部件闭合或得电后的动作,找到与之相关联的所有部件的动作情况,以此了解电路的基本工作过程

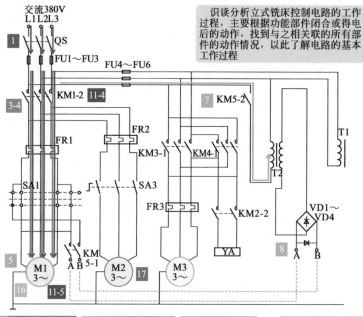

1 合上电源总开关QS,接通三相电源。 →	**2** 按下启动按钮SB1或SB2,其触点闭合。 →	**3** 交流接触器KM1的线圈得电。
4 需M1停机时,按下停止按钮SB3或SB4,常闭触点SB3-2或SB4-2断开。	**4-1** 交流接触器KM1线圈失电,触点复位。 →	**5** 主轴电动机M1失电,但仍做惯性运转。
4-2 常开触点SB3-1或SB4-1闭合。 →	**6** 交流接触器KM5的线圈得电。 →	**7** 常开触点KM5-1、KM5-2闭合。
9 松开SB3或SB4,主轴电动机M1制动结束,停止运转。 ←	**8** 交流电压经变压器T2降压,电压经桥式整流堆VD1~VD4整流,输出的直流电压加到主轴电动机M1的定子绕组上,对电动机进行能耗制动。	

3-1 常开辅助触点KM1-1闭合,实现自锁功能。

3-2 常闭辅助触点KM1-3断开,防止KM5得电。

3-3 常开辅助触点KM1-4闭合,接通工作台控制电路电源。

3-4 常开主触点KM1-2闭合,主轴电动机M1启动运转。

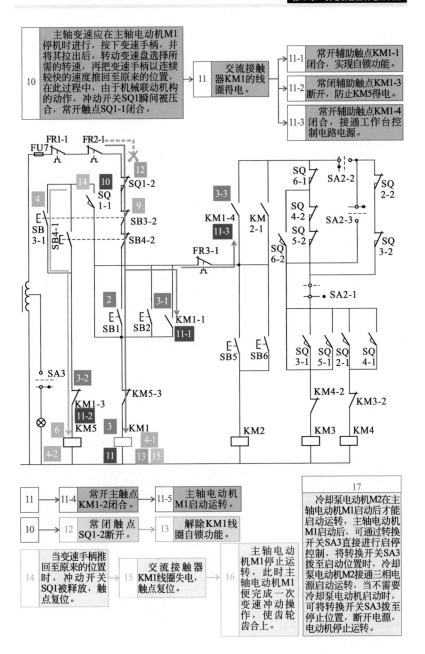

| 10 | 主轴变速应在主轴电动机M1停机时进行，按下变速手柄，并将其拉出后，转动变速盘选择所需的转速，再把变速手柄以连续较快的速度推回至原来的位置，在此过程中，由于机械联动机构的动作，冲动开关SQ1瞬间被压合，常开触点SQ1-1闭合。 |

| 11 | 交流接触器KM1的线圈得电。 |

- 11-1　常开辅助触点KM1-1闭合，实现自锁功能。
- 11-2　常闭辅助触点KM1-3断开，防止KM5得电。
- 11-3　常开辅助触点KM1-4闭合，接通工作台控制电路电源。

| 11 | → | 11-4　常开主触点KM1-2闭合。 | → | 11-5　主轴电动机M1启动运转。 |

| 10 | → | 12　常闭触点SQ1-2断开。 | → | 13　解除KM1线圈自锁功能。 |

| 14　当变速手柄推回至原来的位置时，冲动开关SQ1被释放，触点复位。 | → | 15　交流接触器KM1线圈失电，触点复位。 | → | 16　主轴电动机M1停止运转，此时主轴电动机M1便完成一次变速冲动操作，使齿轮齿合上。 |

17
冷却泵电动机M2在主轴电动机M1启动后才能启动运转，主轴电动机M1启动后，可通过转换开关SA3直接进行启停控制，将转换开关SA3拨至启动位置时，冷却泵电动机M2接通三相电源启动运转，当不需要冷却泵电动机启动时，可将转换开关SA3拨至停止位置，断开电源，电动机停止运转。

图 9-15 为典型立式铣床控制电路中，进给电动机 M3 工作过程的识图分析。

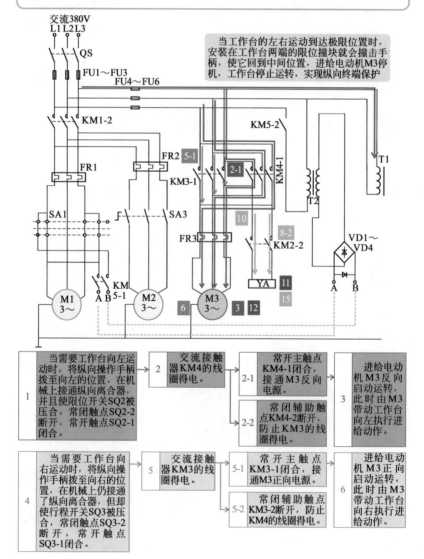

当工作台的左右运动到达极限位置时，安装在工作台两端的限位撞块就会撞击手柄，使它回到中间位置，进给电动机M3停机，工作台停止运转，实现纵向终端保护

1	当需要工作台向左运动时，将纵向操作手柄拨至向左的位置，在机械上接通纵向离合器，并且使限位开关SQ2被压合，常闭触点SQ2-2断开，常开触点SQ2-1闭合。	2 交流接触器KM4的线圈得电。	2-1 常开主触点KM4-1闭合，接通M3反向电源。	3 进给电动机M3反向启动运转，此时由M3带动工作台向左执行进给动作。
			2-2 常闭辅助触点KM4-2断开，防止KM3的线圈得电。	
4	当需要工作台向右运动时，将纵向操作手柄拨至向右的位置，在机械上仍接通了纵向离合器，但却使行程开关SQ3被压合，常闭触点SQ3-2断开，常开触点SQ3-1闭合。	5 交流接触器KM3的线圈得电。	5-1 常开主触点KM3-1闭合，接通M3正向电源。	6 进给电动机M3正向启动运转，此时由M3带动工作台向右执行进给动作。
			5-2 常闭辅助触点KM3-2断开，防止KM4的线圈得电。	

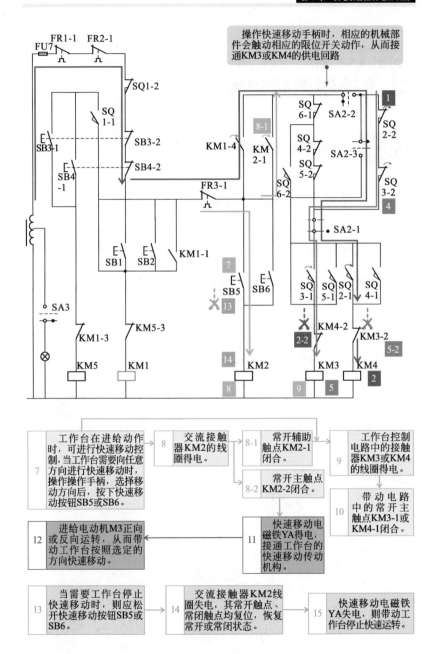

操作快速移动手柄时，相应的机械部件会触动相应的限位开关动作，从而接通KM3或KM4的供电回路

| 7 | 工作台在进给动作时，可进行快速移动控制，当工作台需要向任意方向进行快速移动时，操作操作手柄，选择移动方向后，按下快速移动按钮SB5或SB6。 | → | 8 | 交流接触器KM2的线圈得电。 | → | 8-1 | 常开辅助触点KM2-1闭合。 | → | 工作台控制电路中的接触器KM3或KM4的线圈得电。 |

| | | 8-2 | 常开主触点KM2-2闭合。 | 10 | 带动电路中的常开主触点KM3-1或KM4-1闭合。 |

| 12 | 进给电动机M3正向或反向运转，从而带动工作台按照选定的方向快速移动。 | ← | 11 | 快速移动电磁铁YA得电，接通工作台的快速移动传动机构。 |

| 13 | 当需要工作台停止快速移动时，则应松开快速移动按钮SB5或SB6。 | → | 14 | 交流接触器KM2线圈失电，其常开触点、常闭触点均复位，恢复常开或常闭状态。 | → | 15 | 快速移动电磁铁YA失电，则带动工作台停止快速运转。 |

第10章
农机控制电路识图

10.1.1 农机控制电路的组成

图 10-1　农机控制电路的结构组成

　　如图 10-1 所示，农机控制电路是指使用在农业生产中所需要设备的控制电路，例如排灌设备、农产品加工设备、养殖和畜牧设备等，不同农机控制电路选用的控制器件、功能部件、连接部件等基本相同，但根据选用部件数量的不同以及器件间的不同组合，便可以实现不同的控制功能。

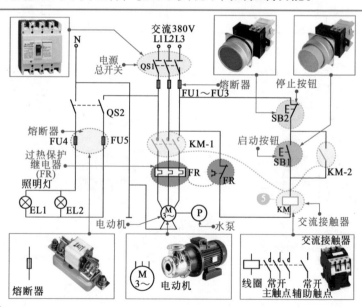

10.1.2 农机控制电路的控制关系

图 10-2 农机控制电路的控制关系

图 10-2 为排水设备控制电路的接线图，根据该图，可清楚地看到各器件之间的连接关系。

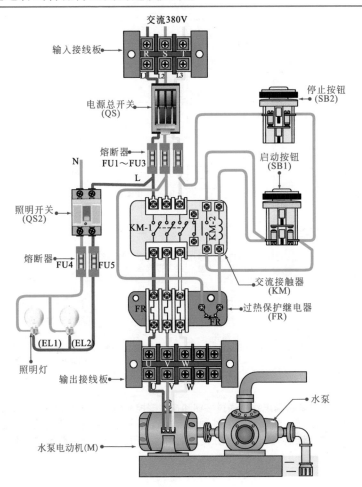

图 10-3　典型农机控制电路的工作过程分析

　　图 10-3 为典型的排水设备控制电路。识读和分析电路的控制过程时，可从电路图中各主要元器件的功能特点和连接关系入手，对整个控制电路的工作流程进行细致的解析，搞清控制电路的工作过程和控制细节，完成排水设备控制电路的识读。

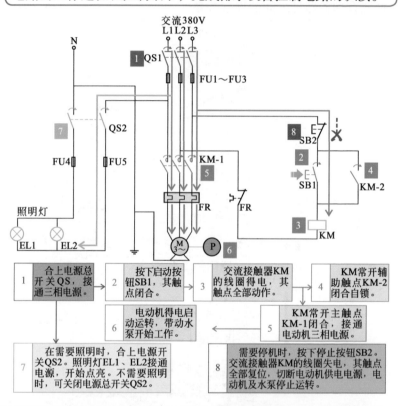

　　排水设备控制电路中通过按钮和接触器控制电动机工作，利用电动机带动水泵旋转，将水从某一处抽出输送到另一处，实现排水的目的。此外电路中还连接有照明灯，在需要时可通过开关接通照明灯电源，使之点亮。

10.2　禽类养殖孵化室湿度控制电路的识读

10.2.1　禽类养殖孵化室湿度控制电路的结构与功能

图 10-4　禽类养殖孵化室湿度控制电路的结构与功能特点

如图 10-4 所示，禽类养殖孵化室湿度控制电路用来控制孵化室内的湿度维持在一定范围内。当孵化室内的湿度低于设定的湿度时，自动启动加湿器进行加湿工作；当孵化室内的湿度达到设定的湿度时，自动停止加湿器工作，从而保证孵化室内湿度保持在一定范围内。

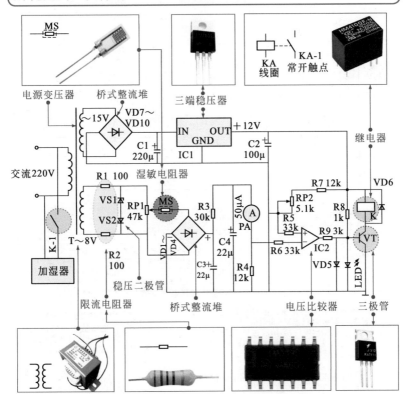

10.2.2　禽类养殖孵化室湿度控制电路的识读分析

图 10-5　禽类养殖孵化室湿度控制电路的识读分析

图 10-5 为禽类养殖孵化室湿度控制电路的识读分析过程。

三端稳压器是空调器电源电路中重要的稳压器件，该器件通常有三个引脚，分别为输入端、输出端和接地端。用于将桥式整流电路输出的直流电压稳定后输出另一数值（电路中将桥式整流堆电路输出的电压稳定为12V电压输出），为需要12V电压条件的器件供电

输入端　输出端
接地端

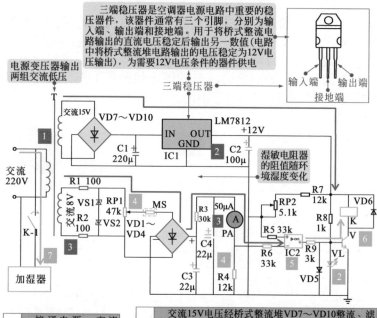

1	接通电源，交流220V电压经电源变压器T降压后，由二次侧分别输出交流15V、8V电压。

2	交流15V电压经桥式整流堆VD7～VD10整流、滤波电容器C1滤波、三端稳压器IC1稳压后，输出+12V直流电压，为湿度控制电路供电，指示灯VL点亮。

3	交流8V电压经限流电阻器R1、R2限流，稳压二极管VS1、VS2稳压后输出交流电压，经电位器RP1调整取样，湿敏电阻器MS降压，桥式整流堆VD1～VD4整流、限流电阻器R3限流，滤波电容器C3、C4滤波后，加到电流表PA上。

4	当禽类养殖孵化室内的环境湿度较低时，湿敏电阻器MS的阻值变大，桥式整流堆输出电压减小（流过电流表PA上的电流就变小，进而流过电阻器R4的电流也变小）。

5	电压比较器IC2的反相输入端（−）的比较电压低于正向输入端（+）的基准电压，因此由其电压比较器IC2的输出端输出高电平。

7	常开触点K-1闭合，接通加湿器的供电电源，加湿器开始加湿工作。

6	晶体管V导通，继电器K的线圈得电。

　　识读禽类养殖孵化室湿度控制电路时，应从电路图中各主要元器件的功能特点和连接关系入手，对整个控制电路的工作流程进行细致的解析，搞清控制电路的工作过程和控制细节，完成禽类养殖孵化室湿度控制电路的识读过程。

10.3 禽蛋孵化恒温箱控制电路的识读

10.3.1 禽蛋孵化恒温箱控制电路的结构与功能

图 10-6 　禽蛋孵化恒温箱控制电路的结构与功能特点

　　如图 10-6 所示，禽蛋孵化恒温箱控制电路用来控制恒温箱内的温度保持恒定温度值。当恒温箱内的温度降低时，自动启动加热器进行加热工作；当恒温箱内的温度达到预定的温度时，自动停止加热器工作，从而保证恒温箱内温度的恒定。

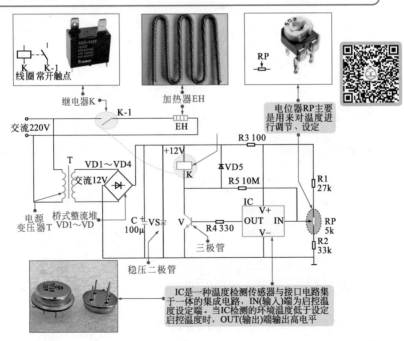

继电器K 线圈 常开触点 K-1

加热器EH

电位器RP主要是用来对温度进行调节、设定

交流220V

T VD1～VD4 交流12V

+12V

K VD5 R5 10M

R3 100

R1 27k

电源变压器T 桥式整流堆 VD1～VD

C 100μ VS

V 三极管 R4 330

IC V+ OUT IN V−

RP 5k

R2 33k

稳压二极管

IC是一种温度检测传感器与接口电路集于一体的集成电路，IN(输入)端为启控温度设定端。当IC检测的环境温度低于设定启控温度时，OUT(输出)端输出高电平

10.3.2 禽蛋孵化恒温箱控制电路的识读分析

图 10-7 禽蛋孵化恒温箱控制电路的识读分析

图 10-7 为禽蛋孵化恒温箱控制电路的识读分析过程。

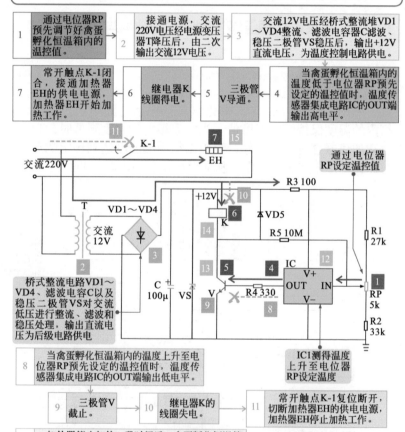

1 通过电位器RP预先调节好禽蛋孵化恒温箱内的温控值。

2 接通电源，交流220V电压经电源变压器T降压后，由二次输出交流12V电压。

3 交流12V电压经桥式整流堆VD1～VD4整流、滤波电容器C滤波、稳压二极管VS稳压后，输出+12V直流电压，为温度控制电路供电。

7 常开触点K-1闭合，接通加热器EH的供电电源，加热器EH开始加热工作。

6 继电器K线圈得电。

5 三极管V导通。

4 当禽蛋孵化恒温箱内的温度低于电位器RP预先设定的温控值时，温度传感器集成电路IC的OUT端输出高电平。

通过电位器RP设定温控值

交流220V

T VD1～VD4 交流12V

+12V

R3 100

R5 10M

R1 27k

VD5

IC V+ OUT IN V-

RP 5k

R2 33k

桥式整流电路VD1～VD4、滤波电容C以及稳压二极管VS对交流低压进行整流、滤波和稳压处理，输出直流电压为后级电路供电

C 100μ VS R4 330

IC1测得温度上升至电位器RP设定温度

8 当禽蛋孵化恒温箱内的温度上升至电位器RP预先设定的温控值时，温度传感器集成电路IC的OUT端输出低电平。

9 三极管V截止。

10 继电器K的线圈失电。

11 常开触点K-1复位断开，切断加热器EH的供电电源，加热器EH停止加热工作。

12 加热器停止加热一段时间后，禽蛋孵化恒温箱内的温度缓慢下降，当禽蛋孵化恒温箱内的温度再次低于电位器RP预先设定的温控值时，温度传感器集成电路IC的OUT端再次输出高电平。

如此反复循环加热，来保证禽蛋孵化恒温箱内的温度恒定

13 三极管V再次导通。

14 继电器K的线圈再次得电。

15 常开触点K-1闭合，再次接通加热器EH的供电电源，加热器EH开始加热工作。

10.4　养鱼池间歇增氧控制电路的识读

10.4.1　养鱼池间歇增氧控制电路的结构与功能

图 10-8　养鱼池间歇增氧控制电路的结构与功能特点

如图 10-8 所示，养鱼池间歇增氧控制电路是一种控制电动机间歇工作的电路，通过定时器集成电路输出不同相位的信号来控制继电器的间歇工作，同时通过控制开关的闭合与断开来控制继电器触点接通与断开时间的比例。

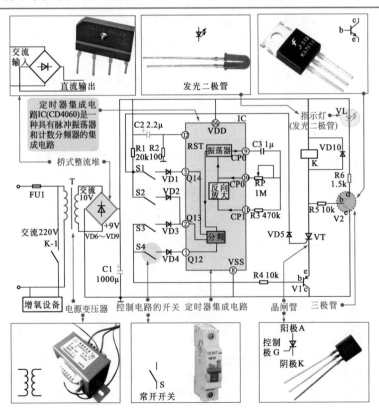

10.4.2　养鱼池间歇增氧控制电路的识读分析

图 10-9　养鱼池间歇增氧控制电路的识读分析

图 10-9 为养鱼池间歇增氧控制电路的识读分析过程。

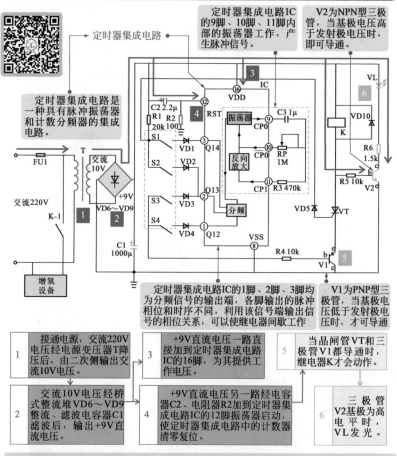

识读养鱼池间歇增氧控制电路时，应从电路图中各主要元器件的功能特点和连接关系入手，对整个控制电路的工作流程进行细致的解析，搞清控制电路的工作过程和控制细节，完成养鱼池间歇增氧控制电路的识读过程。

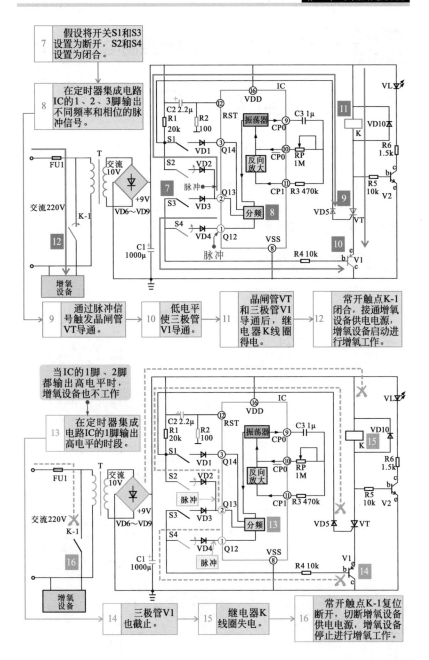

7　假设将开关S1和S3设置为断开，S2和S4设置为闭合。

8　在定时器集成电路IC的1、2、3脚输出不同频率和相位的脉冲信号。

9　通过脉冲信号触发晶闸管VT导通。

10　低电平使三极管V1导通。

11　晶闸管VT和三极管V1导通后，继电器K线圈得电。

12　常开触点K-1闭合，接通增氧设备供电电源，增氧设备启动进行增氧工作。

当IC的1脚、2脚都输出高电平时，增氧设备也不工作

13　在定时器集成电路IC的1脚输出高电平的时段。

14　三极管V1也截止。

15　继电器K线圈失电。

16　常开触点K-1复位断开，切断增氧设备供电电源，增氧设备停止进行增氧工作。

10.5 鱼类孵化池换水和增氧控制电路的识读

10.5.1 鱼类孵化池换水和增氧控制电路的结构与功能

图 10-10 鱼类孵化池换水和增氧控制电路的结构与功能特点

如图 10-10 所示，鱼类孵化池换水和增氧控制电路是一种自动工作的电路，电路通电工作后每隔一段时间便会自动接通或切断水泵、增氧泵的供电，维持池水的含氧量及清洁度。

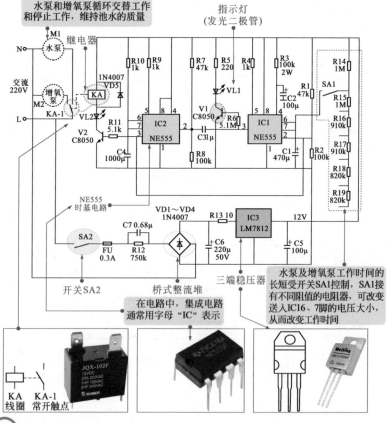

水泵和增氧泵循环交替工作和停止工作，维持池水的质量

指示灯（发光二极管）

NE555 时基电路

开关SA2

桥式整流堆

三端稳压器

在电路中，集成电路通常用字母"IC"表示

水泵及增氧泵工作时间的长短受开关SA1控制，SA1接有不同阻值的电阻器，可改变送入IC16、7脚的电压大小，从而改变工作时间

KA 线圈   KA-1 常开触点

10.5.2 鱼类孵化池换水和增氧控制电路的识读分析

图 10-11 鱼类孵化池换水和增氧控制电路的识读分析

图 10-11 为鱼类孵化池换水和增氧控制电路的识读分析过程。

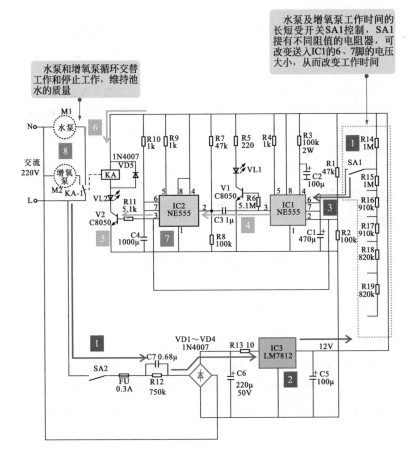

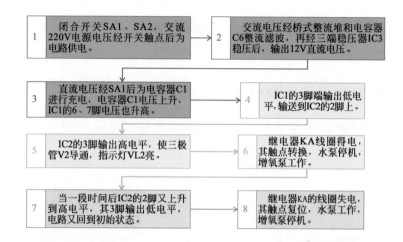

1	闭合开关SA1、SA2，交流220V电源电压经开关触点后为电路供电。	→	2	交流电压经桥式整流堆和电容器C6整流滤波，再经三端稳压器IC3稳压后，输出12V直流电压。
3	直流电压经SA1后为电容器C1进行充电，电容器C1电压上升，IC1的6、7脚电压也升高。	→	4	IC1的3脚端输出低电平，输送到IC2的2脚上。
5	IC2的3脚输出高电平，使三极管V2导通，指示灯VL2亮。	→	6	继电器KA线圈得电，其触点转换，水泵停机，增氧泵工作。
7	当一段时间后IC2的2脚又上升到高电平，其3脚输出低电平，电路又回到初始状态。	→	8	继电器KA的线圈失电，其触点复位，水泵工作，增氧泵停机。

　　识读鱼类孵化池换水和增氧控制电路时，应从电路图中各主要元器件的功能特点和连接关系入手，对整个控制电路的工作流程进行细致的解析，搞清控制电路的工作过程和控制细节，完成鱼类孵化池换水和增氧控制电路的识读过程。

10.6　蔬菜大棚温度控制电路的识读

10.6.1　蔬菜大棚温度控制电路的结构与功能

图 10-12 蔬菜大棚温度控制电路的结构与功能特点

　　如图 10-12 所示，大棚温度控制电路是指自动对大棚内的环境温度进行调控的电路。该电路利用热敏电阻器检测环境温度，通过热敏电阻器阻值的变化来控制整个电路的工作，使加热器在低温时加热、高温时停止工作，维持大棚内的温度恒定。

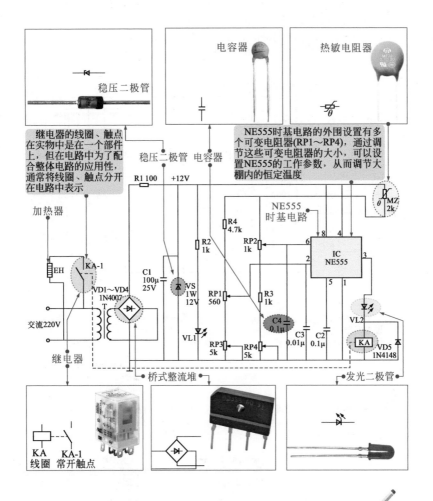

电容器　　　热敏电阻器

稳压二极管

继电器的线圈、触点
在实物中是在一个部件
上，但在电路中为了配
合整体电路的应用性，
通常将线圈、触点分开
在电路中表示

NE555时基电路的外围设置有多
个可变电阻器(RP1～RP4)，通过调
节这些可变电阻器的大小，可以设
置NE555的工作参数，从而调节大
棚内的恒定温度

稳压二极管　电容器

加热器

R1 100　+12V

NE555
时基电路

R4 4.7k

EH　KA-1

R2 1k

RP2 1k

IC NE555

VD1～VD4
1N4007

C1 100μ 25V

VS 1W 12V

RP1 560

R3 1k

交流220V

VL1

C4 0.1μ

C3 0.01μ

C2 0.1μ

VL2

KA　VD5 1N4148

继电器

RP3 5k　RP4 5k

θ MZ 2k

桥式整流堆

发光二极管

KA 线圈　KA-1 常开触点

10.6.2　蔬菜大棚温度控制电路的识读分析

图 10-13　蔬菜大棚温度控制电路的识读分析

图 10-13 为蔬菜大棚温度控制电路的识读分析过程。

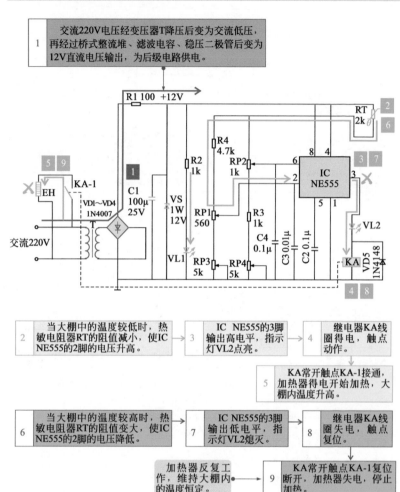

1　交流220V电压经变压器T降压后变为交流低压，再经过桥式整流堆、滤波电容、稳压二极管后变为12V直流电压输出，为后级电路供电。

2　当大棚中的温度较低时，热敏电阻器RT的阻值减小，使IC NE555的2脚的电压升高。

3　IC NE555的3脚输出高电平，指示灯VL2点亮。

4　继电器KA线圈得电，触点动作。

5　KA常开触点KA-1接通，加热器得电开始加热，大棚内温度升高。

6　当大棚中的温度较高时，热敏电阻器RT的阻值变大，使IC NE555的2脚的电压降低。

7　IC NE555的3脚输出低电平，指示灯VL2熄灭。

8　继电器KA线圈失电，触点复位。

加热器反复工作，维持大棚内的温度恒定。

9　KA常开触点KA-1复位断开，加热器失电，停止加热。

　　该电路图中，NE555时基电路的外围设置有多个可变电阻器（RP1 ~ RP4），通过调节这些可变电阻器的大小，可以设置 NE555 的工作参数，从而调节大棚内的恒定温度。

　　NE555 的应用十分广泛，特别在一些自动触发线路、延时触发线路中的应用较多，另外，NE555 时基电路根据外围引脚连接元件的不同，其实现的功能也有所区别。

10.7　豆芽自动浇水控制电路的识读

10.7.1　豆芽自动浇水控制电路的结构与功能

图 10-14　豆芽自动浇水控制电路的结构与功能

如图 10-14 所示，豆芽自动浇水控制电路是指自动对种植的豆芽进行浇水的一类种植设备电路。该电路中利用多个 NE555 时基电路对浇水器、扬声器等进行控制，实现自动化浇水、异常报警作业。

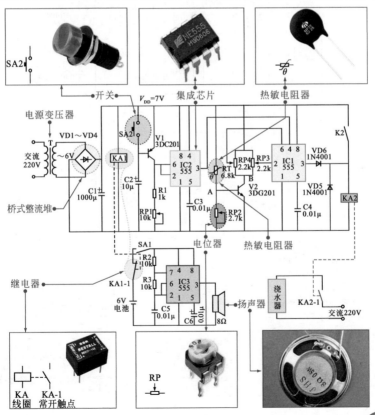

10.7.2 豆芽自动浇水控制电路的识读分析

图 10-15 豆芽自动浇水控制电路的识读分析

图 10-15 为豆芽自动浇水控制电路的识读分析过程。

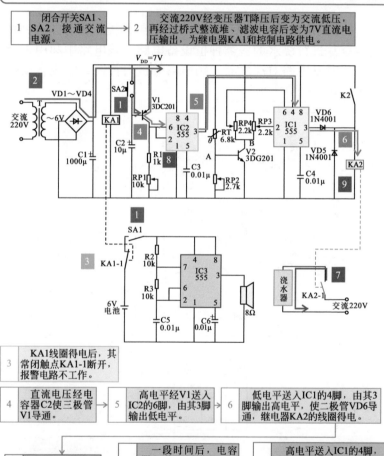

1 闭合开关SA1、SA2，接通交流电源。

2 交流220V经变压器T降压后变为交流低压，再经过桥式整流堆、滤波电容后变为7V直流电压输出，为继电器KA1和控制电路供电。

3 KA1线圈得电后，其常闭触点KA1-1断开，报警电路不工作。

4 直流电压经电容器C2使三极管V1导通。

5 高电平经V1送入IC2的6脚，由其3脚输出低电平。

6 低电平送入IC1的4脚，由其3脚输出高电平，使二极管VD6导通，继电器KA2的线圈得电。

7 KA2常开触点KA2-1接通，浇水器得电工作。

8 一段时间后，电容器C2的电压增高，使三极管V1截止，IC2的2脚输入低电平，由3脚输出高电平。

9 高电平送入IC1的4脚，由其3脚输出低电平，继电器KA2的线圈失电，其触点KA2-1断开，浇水器停止。

10.8 农田灌溉设备控制电路的识读

10.8.1 农田灌溉设备控制电路的结构与功能

图 10-16 农田灌溉设备控制电路的结构与功能特点

如图 10-16 所示，农田自动排灌控制电路主要由自动检测和控制电路、水泵电动机等构成，一般可在农田灌溉时，根据排灌渠中水位的高低自动控制排灌电动机的启动和停止。

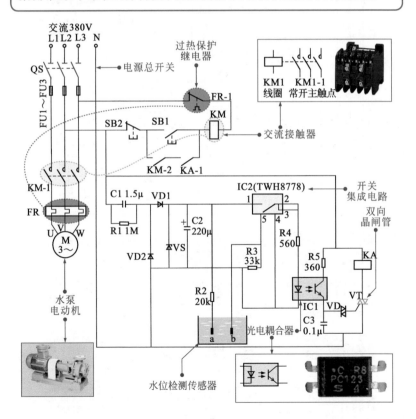

10.8.2 农田灌溉设备控制电路的识读分析

图 10-17 农田灌溉设备控制电路的识读分析

图 10-17 为农田灌溉设备控制电路的识读分析过程。

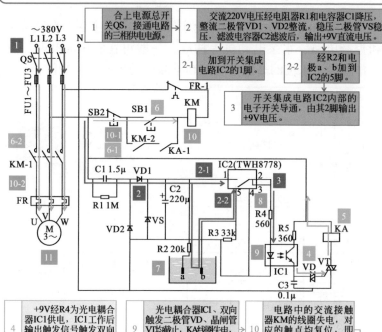

1 合上电源总开关QS，接通电路的三相供电电源。

2 交流220V电压经电阻器R1和电容器C1降压，整流二极管VD1、VD2整流，稳压二极管VS稳压，滤波电容器C2滤波后，输出+9V直流电压。

2-1 加到开关集成电路IC2的1脚。

2-2 经R2和电极a、b加到IC2的5脚。

3 开关集成电路IC2内部的电子开关导通，由其2脚输出+9V电压。

4 +9V经R4为光电耦合器IC1供电，IC1工作后输出触发信号触发双向触发二极管VD导通。

5 VD导通后触发双向晶闸管VT导通，中间继电器KA线圈得电，常开触点KA-1闭合。

6 按下启动按钮SB1，其触点闭合。交流接触器KM线圈得电，相应的触点动作。

6-1 触点KM-2闭合自锁，锁定启动按钮SB1，即使松开SB1后，KM线圈仍可保持得电状态。

6-2 触点KM-1闭合，接通电源，水泵电动机M带动水泵启动运转，对农田进行灌溉作业。

7 当排水渠水位降至最低，水位检测电极a、b由于无水而处于开路状态。

8 当电极a、b断开时，则开关集成电路IC2内部的电子开关复位断开。

9 光电耦合器IC1、双向触发二极管VD、晶闸管VT均截止，KA线圈失电，触点KA-1复位断开。

10 电路中的交流接触器KM的线圈失电，对应的触点均复位，即常开触点断开。

10-1 交流接触器KM的常开自锁触点KM-2复位断开电路，解除自锁功能。

10-2 KM的主触点KM-1复位断开，解除切断电源。

11 电动机电源被切断，电动机停止运转，实现自动停止灌溉作业的操作。

10.9 秸秆切碎机控制电路的识读

10.9.1 秸秆切碎机控制电路的结构与功能

图 10-18 秸秆切碎机控制电路的结构与功能

如图 10-18 所示，秸秆切碎机驱动控制电路是指利用两个电动机带动机器上的机械设备动作，完成送料和切碎工作的一类农机控制电路，该电路可有效减少人力劳动，提高工作效率。

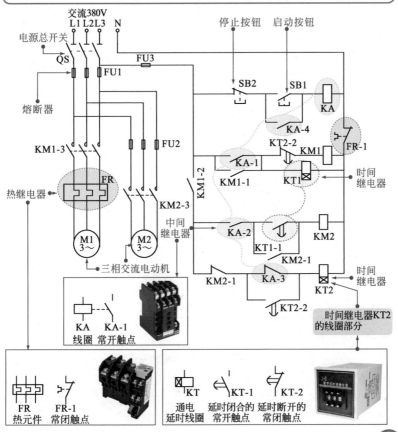

10.9.2 秸秆切碎机控制电路的识读分析

图 10-19 秸秆切碎机控制电路的识读分析

如图 10-19 所示，识读秸秆切碎机控制电路，应从电路图中各主要元器件的功能特点和连接关系入手，对整个控制电路的工作流程进行细致的解析，搞清控制电路的工作过程和控制细节，完成秸秆切碎机控制电路的识读。

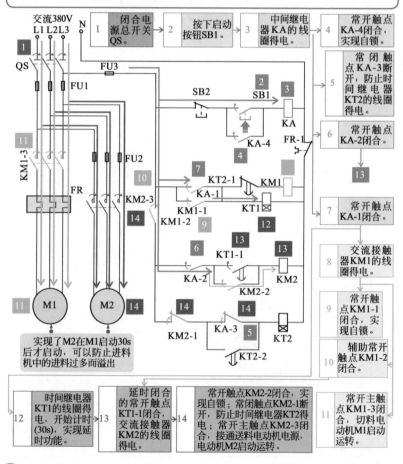

1　闭合电源总开关QS。

2　按下启动按钮SB1。

3　中间继电器KA的线圈得电。

4　常开触点KA-4闭合，实现自锁。

5　常闭触点KA-3断开，防止时间继电器KT2的线圈得电。

6　常开触点KA-2闭合。

7　常开触点KA-1闭合。

8　交流接触器KM1的线圈得电。

9　常开触点KM1-1闭合，实现自锁。

10　辅助常开触点KM1-2闭合。

11　常开主触点KM1-3闭合，切料电动机M1启动运转。

12　时间继电器KT1的线圈得电，开始计时（30s），实现延时功能。

13　延时闭合的常开触点KT1-1闭合，交流接触器KM2的线圈得电。

14　常开触点KM2-2闭合，实现自锁；常闭触点KM2-1断开，防止时间继电器KT2得电；常开主触点KM2-3闭合，接通送料电动机电源，电动机M2启动运转。

实现了M2在M1启动30s后才启动，可以防止进料机中的进料过多而溢出

10.10　磨面机控制电路的识读

10.10.1　磨面机控制电路的结构与功能

图 10-20　磨面机控制电路的结构与功能特点

　　如图 10-20 所示，磨面机驱动控制电路利用电气部件对电动机进行控制，进而由电动机带动磨面机械设备工作，实现磨面功能。该电路可以减少人力劳动和能源消耗，提高工作效率。

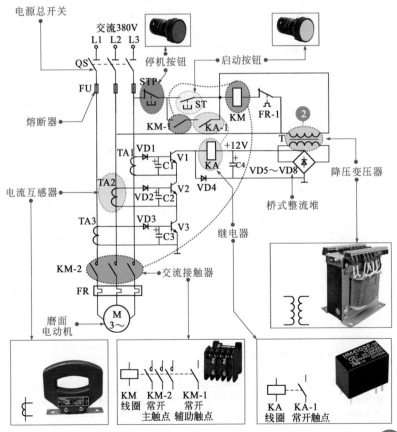

10.10.2　磨面机控制电路的识读分析

图 10-21　磨面机控制电路的识读分析

图 10-21 为磨面机控制电路的识读分析过程。

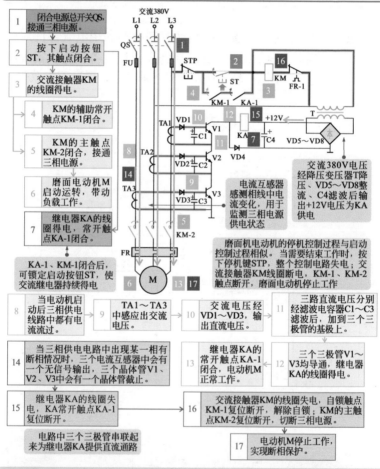

　　在夏季连续工作时间过长时，机器温升会过高，过热继电器 FR 会自动断开，便切断了电动机的供电电源，同时也切断了 KM 的供电，磨面机进入断电保护状态，这种情况在冷却后仍能正常工作。

第11章
PLC 及变频控制电路识图

11.1 PLC控制电路的特点

11.1.1 PLC控制电路的组成

图 11-1 PLC 控制电路的结构组成

如图 11-1 所示，PLC 控制电路是指由 PLC 对被控对象（多为电动机）的工作状态（如启动、运转、变速、制动和停机等）进行控制的电路。不同的 PLC 控制电路所选用的 PLC、接口外接操作部件或执行部件基本相同，但由于选用的类型和数量不同、PLC 内部编写的控制程序（梯形图或语句表）不同及电路连接上的差异，可实现对电动机不同工作状态的控制。

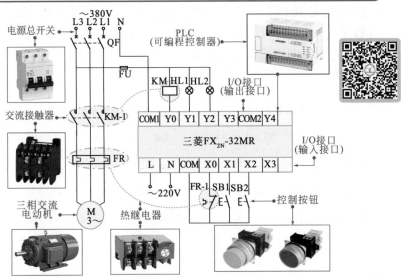

电动机 PLC 控制电路与继电器控制的电动机电路不同，对电动机的控制功能不能从外部物理部件的连接中体现，而是由内部控制程序，即梯形图或语句表实现。因此，这也是电动机 PLC 控制电路的主要特点，即仅通过改写 PLC 内的控制程序，而不用大幅度调整物理部件的连接即可实现对电动机的不同控制功能。

因此，从结构组成看，电动机 PLC 控制电路除了电动机、PLC 及 PLC 接口上的操控部件、执行部件等物理部件外，还包括 PLC I/O 地址分配及内部的控制程序（以常用的梯形图为例说明）。

❶ PLC的I/O分配表

图 11-2　典型 PLC 控制电路的 I/O 分配表

如图 11-2 所示，控制部件和执行部件分别连接到 PLC 相应的 I/O 接口上，它是根据 PLC 控制系统设计之初建立的 I/O 分配表进行连接分配的，其所连接的接口名称也将对应于 PLC 内部程序的编程地址编号。

输入信号及地址编号			输出信号及地址编号		
名称	代号	输入点地址编号	名称	代号	输出点地址编号
热继电器	FR-1	X0	交流接触器	KM	Y0
启动按钮	SB1	X1	运行指示灯	HL1	Y1
停止按钮	SB2	X2	停机指示灯	HL2	Y2

❷ PLC内的梯形图程序

图 11-3 典型 PLC 控制电路的梯形图程序

如图 11-3 所示，PLC 是通过预先编好的程序来实现对不同生产过程的自动控制的，而梯形图（LAD）是目前使用最多的一种编程语言。编写不同控制关系的梯形图即可实现对电动机不同工作状态的控制。

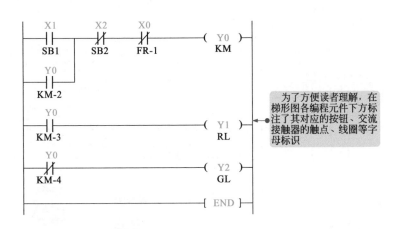

为了方便读者理解，在梯形图各编程元件下方标注了其对应的按钮、交流接触器的触点、线圈等字母标识

11.1.2 PLC控制电路的控制关系

图 11-4 典型 PLC 控制电路的控制关系

如图 11-4 所示，通过电动机 PLC 控制电路的连接关系可以了解电路的结构和主要部件的控制关系。

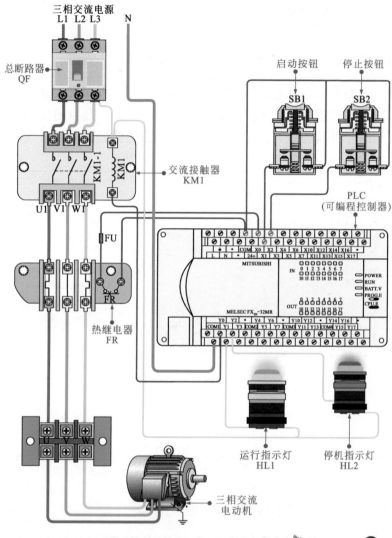

三相交流电源
L1 L2 L3   N

总断路器
QF

交流接触器
KM1

U1 V1 W1

FU

热继电器
FR

U V W

三相交流
电动机

启动按钮   停止按钮

SB1   SB2

PLC
(可编程控制器)

MITSUBISHI

POWER
RUN
BATT.V
PROG.E
CPU.E

MELSEC FX$_{2N}$-32MR

运行指示灯   停机指示灯
HL1   HL2

图 11-5   典型 PLC 控制电路的工作过程分析

如图 11-5 所示，从控制部件、梯形图程序与执行部件的控制关系入手，逐一分析各组成部件的动作状态即可弄清楚电动机 PLC 控制电路的控制过程。

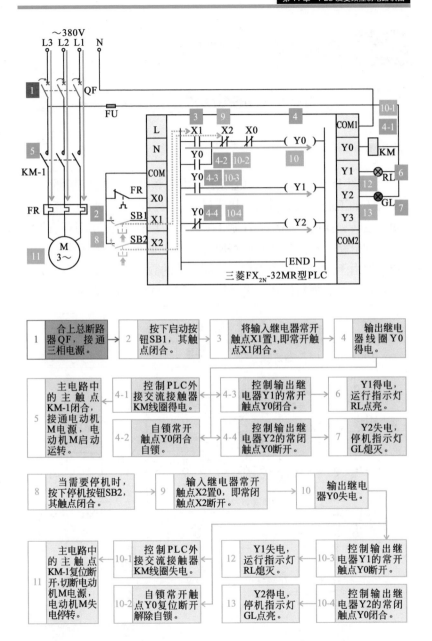

三菱FX_{2N}-32MR型PLC

| 1 | 合上总断路器QF，接通三相电源。 | → | 2 | 按下启动按钮SB1，其触点闭合。 | → | 3 | 将输入继电器常开触点X1置1，即常开触点X1闭合。 | → | 4 | 输出继电器线圈Y0得电。 |

| 5 | 主电路中的主触点KM-1闭合，接通电动机M电源，电动机M启动运转。 | ← | 4-1 | 控制PLC外接交流接触器KM线圈得电。 | ← | 4-3 | 控制输出继电器Y1的常开触点Y0闭合。 | → | 6 | Y1得电，运行指示灯RL点亮。 |
| | | | 4-2 | 自锁常开触点Y0闭合自锁。 | ← | 4-4 | 控制输出继电器Y2的常闭触点Y0断开。 | → | 7 | Y2失电，停机指示灯GL熄灭。 |

| 8 | 当需要停机时，按下停机按钮SB2，其触点闭合。 | → | 9 | 输入继电器常开触点X2置0，即常闭触点X2断开。 | → | 10 | 输出继电器Y0失电。 |

| 11 | 主电路中的主触点KM-1复位断开,切断电动机M电源，电动机M失电停转。 | ← | 10-1 | 控制PLC外接交流接触器KM线圈失电。 | ← | 10-3 | Y1失电，运行指示灯RL熄灭。 | ← | 12 | 控制输出继电器Y1的常开触点Y0断开。 |
| | | | 10-2 | 自锁常开触点Y0复位断开解除自锁。 | ← | 10-4 | Y2得电，停机指示灯GL点亮。 | ← | 13 | 控制输出继电器Y2的常闭触点Y0闭合。 |

11.2 变频控制电路的特点

11.2.1 变频控制电路的组成

图 11-6 变频控制电路的结构组成

如图 11-6 所示，变频电路是指由变频器及外接控制部件对设备（如工业用机械设备、机床设备、农机具等）进行的变频启动、运转、换向、制动等控制（实际是对设备中电动机进行的控制）的电路。不同的变频电路所选用的变频器、控制部件基本相同，但由于选用变频器类型、控制部件的数量不同及电路连接上的差异，可实现对设备（电动机）不同工作状态的控制。

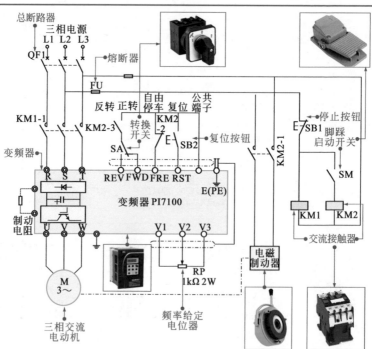

11.2.2　变频控制电路的控制关系

图 11-7　变频控制电路的控制关系

如图 11-7 所示，通过变频电路的连接关系可以了解电路的结构和主要部件的控制关系。

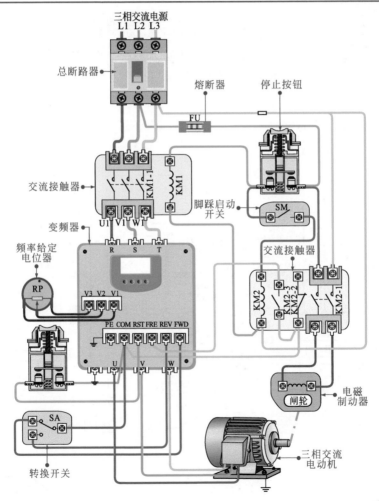

图 11-8 典型变频控制电路的工作过程分析

如图 11-8 所示，从控制部件、变频器与机电设备中电动机的控制关系入手，逐一分析各组成部件的动作状态即可弄清机电设备变频电路的控制过程。

若变频器检测电动机自身出现过电流、过电压、过载等故障，内部保护电路动作可使系统停止运行。维修完成后，按一下复位按钮SB2，使变频器复位端子RST与公共端COM短接，使其立即复位，恢复正常使用。另外，按下停止按钮SB1可直接切断变频器三相电源，实现系统停机

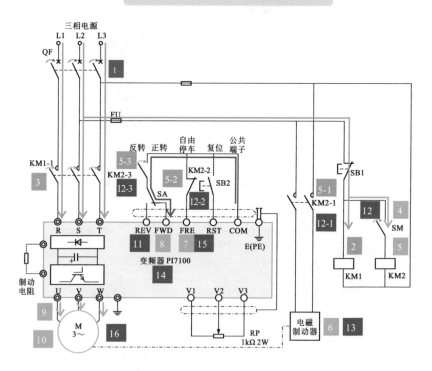

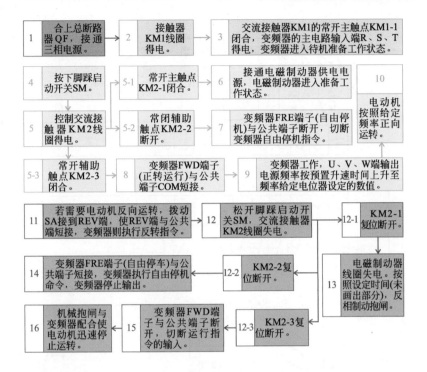

| 1 | 合上总断路器QF，接通三相电源。 | → | 2 | 接触器KM1线圈得电。 | → | 3 | 交流接触器KM1的常开主触点KM1-1闭合，变频器的主电路输入端R、S、T得电，变频器进入待机准备工作状态。 |

4 按下脚踩启动开关SM。

5-1 常开主触点KM2-1闭合。

6 接通电磁制动器供电电源，电磁制动器进入准备工作状态。

10 电动机按照给定频率正向运转。

5 控制交流接触器KM2线圈得电。

5-2 常闭辅助触点KM2-2断开。

7 变频器FRE端子(自由停机)与公共端子断开，切断变频器自由停机指令。

5-3 常开辅助触点KM2-3闭合。

8 变频器FWD端子(正转运行)与公共端子COM短接。

9 变频器工作，U、V、W输出电源频率按预置升速时间上升至频率给定电位器设定的数值。

11 若需要电动机反向运转，拨动SA接到REV端，使REV端与公共端短接，变频器则执行反转指令。

12 松开脚踩启动开关SM，交流接触器KM2线圈失电。

12-1 KM2-1复位断开。

14 变频器FRE端子(自由停车)与公共端子短接，变频器执行自由停机命令，变频器停止输出。

12-2 KM2-2复位断开。

13 电磁制动器线圈失电。按照设定时间(未画出部分)，反相制动抱闸。

16 机械抱闸与变频器配合使电动机迅速停止运转。

15 变频器FWD端子与公共端子断开，切断运行指令的输入。

12-3 KM2-3复位断开。

11.3　典型卧式车床PLC控制电路的识读

11.3.1　典型卧式车床PLC控制电路的结构与功能

图 11-9　典型卧式车床 PLC 控制电路的结构与功能特点

　　如图 11-9 所示，典型卧式车床的 PLC 控制电路主要由操作部件（控制按钮、传感器等）、PLC、执行部件（继电器、接触器、电磁阀等）和机床构成。

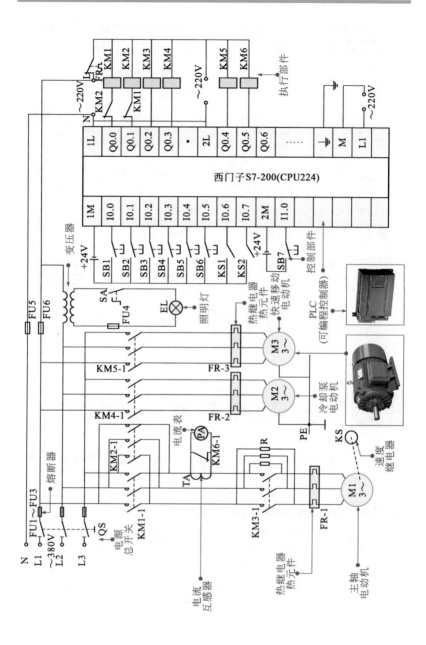

11.3.2　典型卧式车床PLC控制电路的识读分析

图 11-10　典型卧式车床 PLC 控制电路的识读分析

　　如图 11-10 所示，从控制部件、PLC（内部梯形图程序）与执行部件的控制关系入手，逐一分析各组成部件的动作状态即可搞清工控 PLC 控制电路的控制过程。

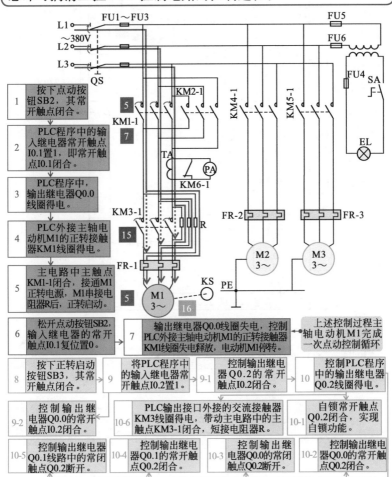

1	按下点动按钮SB2，其常开触点闭合。		
2	PLC程序中的输入继电器常开触点I0.1置1，即常开触点I0.1闭合。		
3	PLC程序中，输出继电器Q0.0线圈得电。		
4	PLC外接主轴电动机M1的正转接触器KM1线圈得电。		
5	主电路中主触点KM1-1闭合，接通M1正转电源，M1串接电阻器R后，正转启动。		
6	松开点动按钮SB2，输入继电器的常开触点I0.1复位置0。	7	输出继电器Q0.0线圈失电，控制PLC外接主轴电动机M1的正转接触器KM1线圈失电释放，电动机M1停转。

上述控制过程主轴电动机M1完成一次点动控制循环

8	按下正转启动按钮SB3，其常开触点闭合。	9	将PLC程序中的输入继电器常开触点I0.2置1。	9-1	控制输出继电器Q0.2的常开触点I0.2闭合。	10	控制PLC程序中的输出继电器Q0.2线圈得电。
9-2	控制输出继电器Q0.0的常开触点I0.2闭合。	10-6	PLC输出接口外接的交流接触器KM3线圈得电，带动主电路中的主触点KM3-1闭合，短接电阻器R。			10-1	自锁常开触点Q0.2闭合，实现自锁功能。
10-5	控制输出继电器Q0.1线路中的常闭触点Q0.2断开。	10-4	控制输出继电器Q0.1的常开触点Q0.2闭合。	10-3	控制输出继电器Q0.0的常闭触点Q0.2断开。	10-2	控制输出继电器Q0.0的常开触点Q0.2闭合。

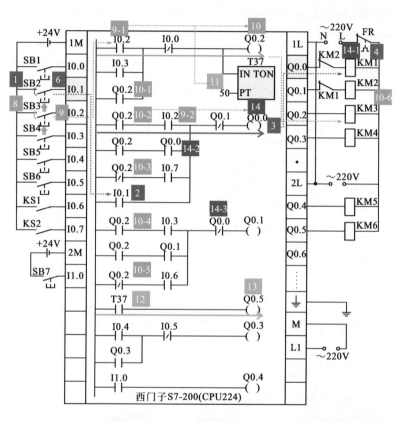

西门子S7-200(CPU224)

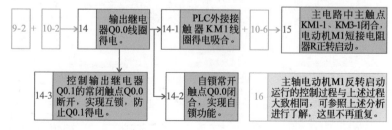

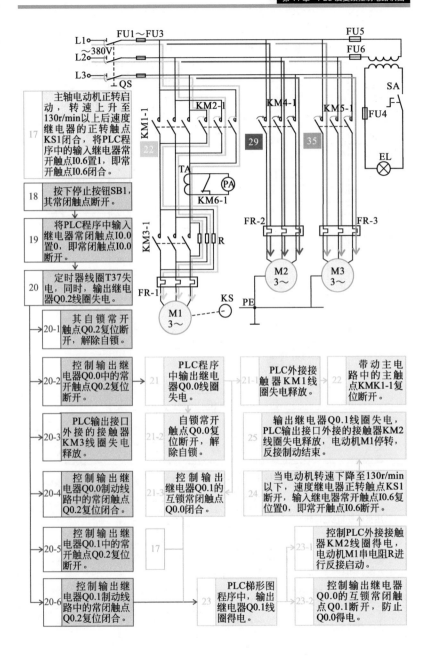

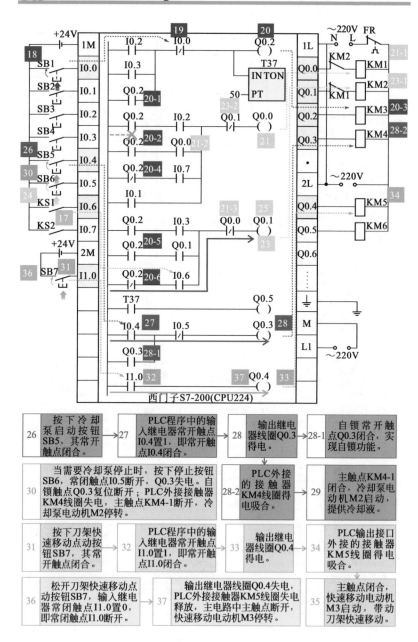

26	按下冷却泵启动按钮SB5，其常开触点闭合。	→	27	PLC程序中的输入继电器常开触点I0.4置1，即常开触点I0.4闭合。	→	28	输出继电器线圈Q0.3得电。	→	28-1	自锁常开触点Q0.3闭合，实现自锁功能。
30	当需要冷却泵停止时，按下停止按钮SB6，常闭触点I0.5断开，Q0.3失电。自锁触点Q0.3复位断开；PLC外接接触器KM4线圈失电，主触点KM4-1断开，冷却泵电动机M2停转。					28-2	PLC外接的接触器KM4线圈得电吸合。	→	29	主触点KM4-1闭合，冷却泵电动机M2启动，提供冷却液。
31	按下刀架快速移动点动按钮SB7，其常开触点闭合。	→	32	PLC程序中的输入继电器常开触点I1.0置1，即常开触点I1.0闭合。	→	33	输出继电器线圈Q0.4得电。	→	34	PLC输出接口外接的接触器KM5线圈得电吸合。
36	松开刀架快速移动点动按钮SB7，输入继电器常开触点I1.0置0，即常闭触点I1.0断开。	→	37	输出继电器线圈Q0.4失电，PLC外接接触器KM5线圈失电释放，主电路中主触点断开，快速移动电动机M3停转。			35	主触点闭合，快速移动电动机M3启动，带动刀架快速移动。

11.4 两台电动机顺序启动、反顺序停机 PLC控制电路的识读

11.4.1 两台电动机顺序启动、反顺序停机 PLC控制电路的结构与功能

图 11-11 两台电动机顺序启动、反顺序停机 PLC 控制电路的结构与功能特点

如图 11-11 所示，两台电动机顺序启停的 PLC 控制电路是指通过 PLC 与外接电气部件配合实现对两台电动机先后启动、反顺序停止进行控制的电路。

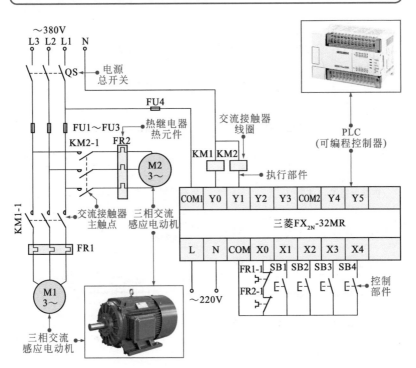

在两台电动机顺序启停的 PLC 控制电路中，PLC（可编程控制器）采用的型号为三菱 FX$_{2N}$-32MR 型，外部的控制部件和执行部件都是通过 PLC 预留的 I/O 接口连接到 PLC 上的，各部件之间没有复杂的连接关系。

控制部件和执行部件分别连接到 PLC 相应的 I/O 接口上，它是根据 PLC 控制系统设计之初建立的 I/O 分配表进行连接分配的，其所连接接口名称也将对应于 PLC 内部程序的编程地址编号。

图 11-12 三菱 FX$_{2N}$-32MR PLC 控制的电动机顺序启动，反顺序停机控制系统的 I/O 分配表

图 11-12 为电动机顺序启动，反顺序停机控制系统的 I/O 分配表。

输入信号及地址编号			输出信号及地址编号		
名称	代号	输入点地址编号	名称	代号	输出点地址编号
热继电器	FR1-1、FR2-1	X0	电动机M1交流接触器	KM1	Y0
M1停止按钮	SB1	X1	电动机M2交流接触器	KM2	Y1
M1启动按钮	SB2	X2			
M2停止按钮	SB3	X3	根据该表可了解PLC内部梯形图程序与I/O接口外接部件的对应关系		
M2启动按钮	SB4	X4			

11.4.2 两台电动机顺序启动、反顺序停机 PLC控制电路的识读分析

图 11-13 两台电动机顺序启动、反顺序停机 PLC 控制电路的识读分析

　　如图 11-13 所示，识读并分析两台电动机顺序启停的 PLC 控制电路，需将 PLC 内部梯形图与外部电气部件控制关系结合进行识读。

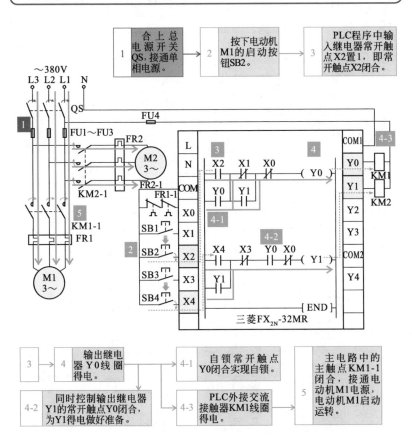

图 11-13 两台电动机顺序启动、反顺序停机 PLC 控制电路的识读分析

| 6 | 当需要电动机M2运行时，按下电动机M2的启动按钮SB4。 | → | 7 | PLC程序中的输入继电器常开触点X4置1，即常开触点X4闭合。 | → | 8 | 输出继电器Y1线圈得电。 | 8-1 | 自锁常开触点Y1闭合实现自锁功能。 |

| 9 | 主电路中的主触点KM2-1闭合，接通电动机M2电源，电动机M2继M1之后启动运转。 | 8-3 | PLC外接交流接触器KM2线圈得电。 | 8-2 | 控制输出继电器Y0的常开触点Y1闭合，锁定常闭触点X1。 | 锁定停机按钮SB1，用于防止当启动电动机M2时，误操作按钮电动机M1的停止按钮SB1，而关断电动机M1，不符合反顺序停机的控制要求 |

| 10 | 按下电动机M2的停止按钮SB3。 | → | 11 | 将PLC程序中的输入继电器常闭触点X3置1，即常闭触点X3断开。 | → | 12 | 输出继电器Y1线圈失电。 |

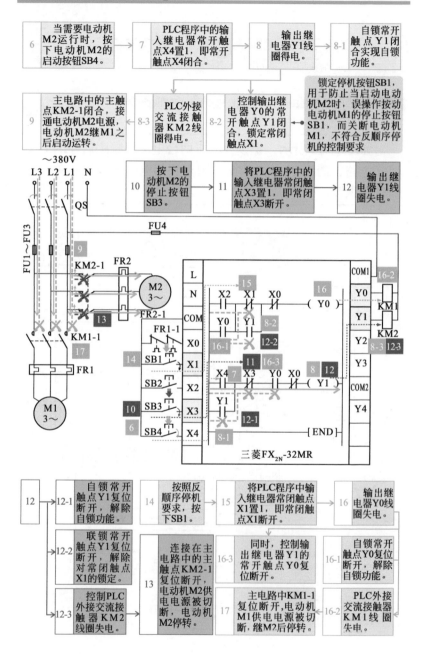

三菱FX$_{2N}$-32MR

| 12 | 12-1 | 自锁常开触点Y1复位断开，解除自锁功能。 | 14 | 按照反顺序停机要求，按下SB1。 | 15 | 将PLC程序中输入继电器常闭触点X1置1，即常闭触点X1断开。 | 16 | 输出继电器Y0线圈失电。 |

| 12-2 | 联锁常开触点Y1复位断开，解除对常闭触点X1的锁定。 | 13 | 连接在主电路中的主触点KM2-1复位断开，电动机M2供电电源被切断，电动机M2停转。 | 16-3 | 同时，控制输出继电器Y1的常开触点Y0复位断开。 | 16-1 | 自锁常开触点Y0复位断开，解除自锁功能。 |

| 12-3 | 控制PLC外接交流接触器KM2线圈失电。 | | | 17 | 主电路中KM1-1复位断开，电动机M1供电电源被切断，继M2后停转。 | 16-2 | PLC外接交流接触器KM1线圈失电。 |

11.5 三相交流电动机自动正反转循环工作 PLC控制电路的识读

11.5.1 三相交流电动机自动正反转循环工作 PLC控制电路的结构与功能

图 11-14 三相交流电动机自动正反转循环工作 PLC 控制电路的结构与功能特点

如图 11-14 所示，三相交流电动机自动循环的 PLC 控制电路是实现对三相交流电动机从正向到反向运转的自动切换、连续循环、停机和过热保护控制功能。

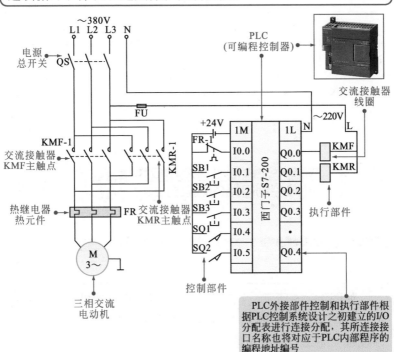

PLC外接部件控制和执行部件根据PLC控制系统设计之初建立的I/O分配表进行连接分配，其所连接接口名称也将对应于PLC内部程序的编程地址编号

采用西门子S7-200型PLC的三相交流电动机
自动循环控制电路I/O地址分配表

输入信号及地址编号			输出信号及地址编号		
名称	代号	输入点 地址编号	名称	代号	输出点 地址编号
热继电器	FR-1	I0.0	电动机 M 正转 控制接触器	KMF	Q0.0
正转启动按钮	SB1	I0.1	电动机 M 反转 控制接触器	KMR	Q0.1
反转启动按钮	SB2	I0.2			
停止按钮	SB3	I0.3			
正转限位开关	SQ1	I0.4			
反转限位开关	SQ2	I0.5			

11.5.2 三相交流电动机自动正反转循环工作 PLC控制电路的识读分析

图 11-15 三相交流电动机自动正反转循环工作 PLC 控制电路的识读分析

　　如图 11-15 所示，识读并分析三相交流电动机自动循环的 PLC 控制电路，需将 PLC 内部梯形图或语句表与外部电气部件控制关系结合进行识读。

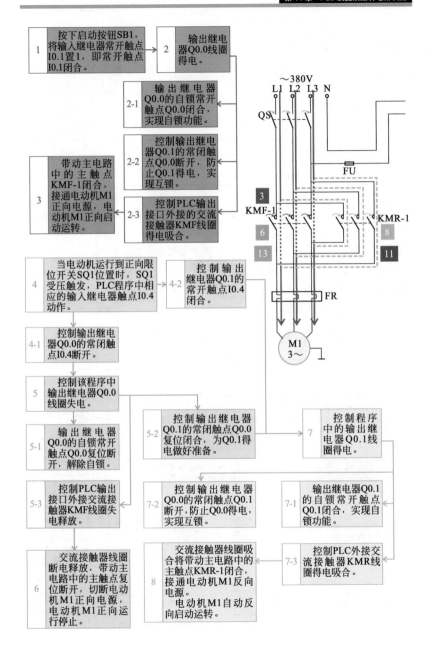

1　按下启动按钮SB1，将输入继电器常开触点I0.1置1，即常开触点I0.1闭合。

2　输出继电器Q0.0线圈得电。

2-1　输出继电器Q0.0的自锁常开触点Q0.0闭合，实现自锁功能。

2-2　控制输出继电器Q0.1的常闭触点Q0.0断开，防止Q0.1得电，实现互锁。

2-3　控制PLC输出接口外接的交流接触器KMF线圈得电吸合。

3　带动主电路中的主触点KMF-1闭合，接通电动机M1正向电源，电动机M1正向启动运转。

4　当电动机运行到正向限位开关SQ1位置时，SQ1受压触发，PLC程序中相应的输入继电器触点I0.4动作。

4-2　控制输出继电器Q0.1的常开触点I0.4闭合。

4-1　控制输出继电器Q0.0的常闭触点I0.4断开。

5　控制该程序中输出继电器Q0.0线圈失电。

5-1　输出继电器Q0.0的自锁常开触点Q0.0复位断开，解除自锁。

5-2　控制输出继电器Q0.1的常闭触点Q0.0复位闭合，为Q0.1得电做好准备。

5-3　控制PLC输出接口外接交流接触器KMF线圈失电释放。

6　交流接触器线圈断电释放，带动主电路中的主触点复位断开，切断电动机M1正向电源，电动机M1正向运行停止。

7　控制程序中的输出继电器Q0.1线圈得电。

7-1　输出继电器Q0.1的自锁常开触点Q0.1闭合，实现自锁功能。

7-2　控制输出继电器Q0.0的常闭触点Q0.1断开，防止Q0.0得电，实现互锁。

7-3　控制PLC外接交流接触器KMR线圈得电吸合。

8　交流接触器线圈吸合将带动主电路中的主触点KMR-1闭合，接通电动机M1反向电源。电动机M1自动反向启动运转。

～380V
L1 L2 L3 N

QS
FU
3
KMF-1
6
13
8
11
KMR-1
FR
M1
3～

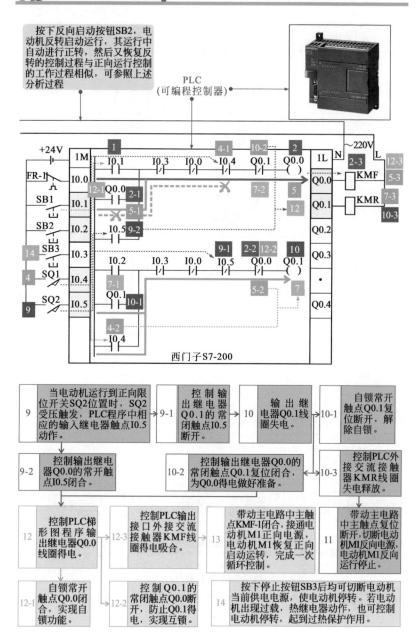

按下反向启动按钮SB2，电动机反转启动运行，其运行中自动进行正转，然后又恢复反转的控制过程与正向运行控制的工作过程相似，可参照上述分析过程

PLC
(可编程控制器)

西门子S7-200

9	当电动机运行到正向限位开关SQ2位置时，SQ2受压触发，PLC程序中相应的输入继电器触点I0.5动作。	9-1	控制输出继电器Q0.1的常闭触点I0.5断开。

10 输出继电器Q0.1线圈失电

10-1 自锁常开触点Q0.1复位断开，解除自锁。

9-2 控制输出继电器Q0.0的常开触点I0.5闭合。

10-2 控制输出继电器Q0.0的常闭触点Q0.1复位闭合，为Q0.0得电做好准备。

10-3 控制PLC外接交流接触器KMR线圈失电释放。

12 控制PLC梯形图程序输出继电器Q0.0线圈得电。

12-3 控制PLC输出接口外接交流接触器KMF线圈得电吸合。

13 带动主电路中主触点KMF-1闭合，接通电动机M1正向电源，电动机M1恢复正向启动运转，完成一次循环控制。

11 带动主电路中主触点复位断开，切断电动机M1反向电源，电动机M1反向运行停止。

12-1 自锁常开触点Q0.0闭合，实现自锁功能。

12-2 控制Q0.1的常闭触点Q0.0断开，防止Q0.1得电，实现互锁。

14 按下停止按钮SB3后均可切断电动机当前供电电源，使电动机停转。若电动机出现过载，热继电器动作，也可控制电动机停转，起到过热保护作用。

11.6 三相交流电动机Y-△减压启动PLC控制电路的识读

11.6.1 三相交流电动机Y-△减压启动PLC控制电路的结构与功能

图 11-16　三相交流电动机 Y-△ 减压启动 PLC 控制电路的结构与功能特点

> 如图 11-16 所示，三相交流电动机 Y-△减压启动是指三相交流电动机在 PLC 控制下，启动时绕组 Y（星形）连接减压启动；启动后，自动转换成△（三角形）连接进行全压运行。

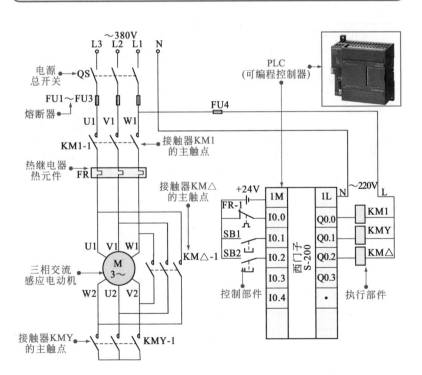

采用西门子S7–200型PLC的三相交流电动机Y–△减压启动控制电路I/O地址分配表

输入信号及地址编号			输出信号及地址编号		
名称	代号	输入点地址编号	名称	代号	输入点地址编号
热继电器	FR-1	I0.0	电源供电主接触器	KM1	Q0.0
启动按钮	SB1	I0.2	Y 连接接触器	KMY	Q0.1
停止按钮	SB2	I0.3	△连接接触器	KM △	Q0.2
		I0.4			

11.6.2 三相交流电动机Y–△减压启动 PLC控制电路的识读分析

图 11-17 三相交流电动机 Y-△ 减压启动 PLC 控制电路的识读分析

如图 11-17 所示，识读并分析三相交流电动机 Y-△减压启动的 PLC 控制电路，需将 PLC 内部梯形图与外部电气部件控制关系结合进行识读。

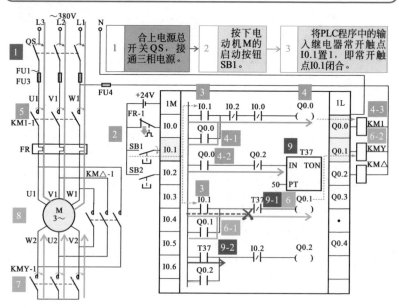

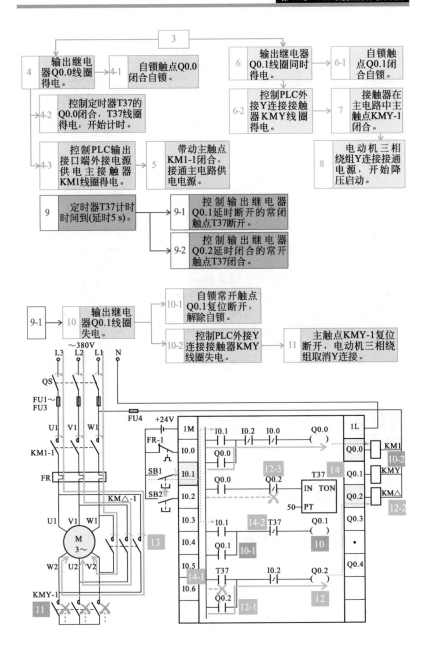

3

4 输出继电器Q0.0线圈得电。

4-1 自锁触点Q0.0闭合自锁。

6 输出继电器Q0.1线圈同时得电。

6-1 自锁触点Q0.1闭合自锁。

4-2 控制定时器T37的Q0.0闭合，T37线圈得电，开始计时。

6-2 控制PLC外接Y连接接触器KMY线圈得电。

7 接触器在主电路中主触点KMY-1闭合。

4-3 控制PLC输出接口端外接电源供电主接触器KM1线圈得电。

5 带动主触点KM1-1闭合，接通主电路供电电源。

8 电动机三相绕组Y连接接通电源，开始降压启动。

9 定时器T37计时时间到(延时5 s)。

9-1 控制输出继电器Q0.1延时断开的常闭触点T37断开。

9-2 控制输出继电器Q0.2延时闭合的常开触点T37闭合。

9-1 **10** 输出继电器Q0.1线圈失电。

10-1 自锁常开触点Q0.1复位断开，解除自锁。

10-2 控制PLC外接Y连接接触器KMY线圈失电。

11 主触点KMY-1复位断开，电动机三相绕组取消Y连接。

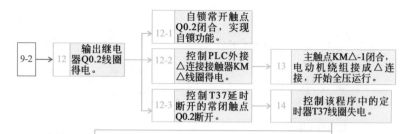

当需要电动机停转时，按下停止按钮 SB2。将 PLC 程序中的输入继电器常闭触点 I0.2 置 0，即常闭触点 I0.2 断开。输出继电器 Q0.0 线圈失电，自锁常开触点 Q0.0 复位断开，解除自锁；控制定时器 T37 的常开触点 Q0.0 复位断开；控制 PLC 外接电源供电主接触器 KM1 线圈失电，带动主电路中主触点 KM1-1 复位断开，切断主电路电源。

同时，输出继电器 Q0.2 线圈失电，自锁常开触点 Q0.2 复位断开，解除自锁；控制定时器 T37 的常闭触点 Q0.2 复位闭合，为定时器 T37 下一次得电做好准备；控制 PLC 外接△连接接触器 KM △线圈失电，带动主电路中主触点 KM △-1 复位断开，三相交流电动机取消△连接，电动机停转。

11.7 多台电动机正/反转变频控制电路的识读

11.7.1 多台电动机正/反转变频控制电路的结构与功能

图 11-18 多台电动机正 / 反转变频控制电路的结构与功能特点

如图 11-18 所示，多台并联电动机变频电路中，三台并联的电动机均由一台变频器控制，由这台变频器同时对多台电动机的变速启动、正反转等进行控制。

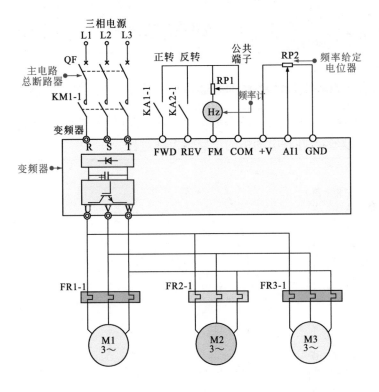

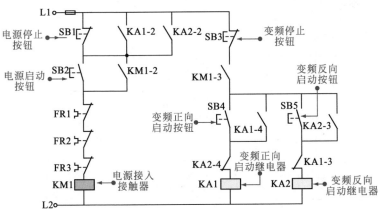

11.7.2 多台电动机正/反转变频控制电路的识读分析

图 11-19 多台电动机正 / 反转变频控制电路的识读分析

　　如图 11-19 所示，结合变频器与外部电气部件的连接关系，识读多台并联电动机的正反转控制过程。

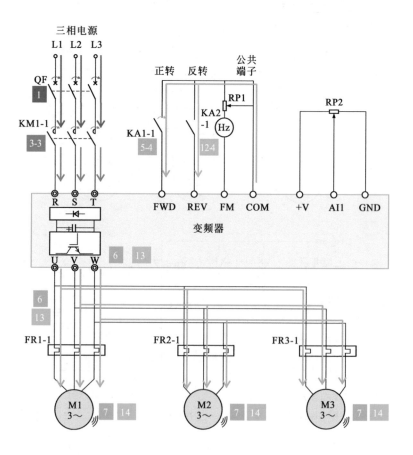

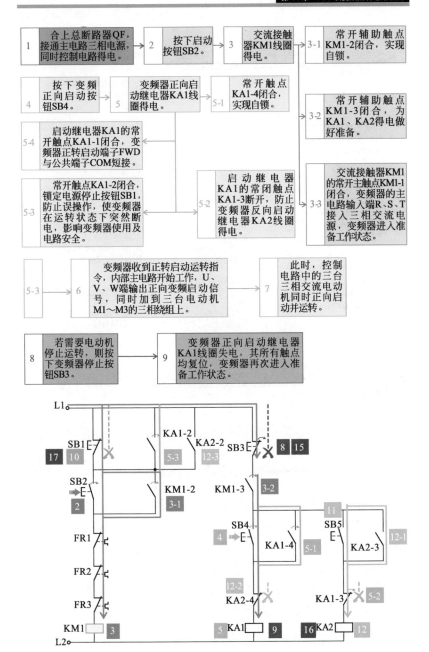

1　合上总断路器QF，接通主电路三相电源，同时控制电路得电。 → 2　按下启动按钮SB2。 → 3　交流接触器KM1线圈得电 →

3-1　常开辅助触点KM1-2闭合，实现自锁。

4　按下变频正向启动按钮SB4。 → 5　变频器正向启动继电器KA1线圈得电 → 5-1　常开触点KA1-4闭合，实现自锁。

3-2　常开辅助触点KM1-3闭合，为KA1、KA2得电做好准备。

5-4　启动继电器KA1的常开触点KA1-1闭合，变频器正转启动端子FWD与公共端子COM短接。

5-2　启动继电器KA1的常闭触点KA1-3断开，防止变频器反向启动继电器KA2线圈得电。

5-3　常开触点KA1-2闭合，锁定电源停止按钮SB1，防止误操作，使变频器在运转状态下突然断电，影响变频器使用及电路安全。

3-3　交流接触器KM1的常开主触点KM1-1闭合，变频器的主电路输入端R、S、T接入三相交流电源，变频器进入准备工作状态。

5-3 → 6　变频器收到正转启动运转指令，内部主电路开始工作，U、V、W端输出正向变频启动信号，同时加到三台电动机M1~M3的三相绕组上。 → 7　此时，控制电路中的三台三相交流电动机同时正向启动并运转。

8　若需要电动机停止运转，则按下变频器停止按钮SB3。 → 9　变频器正向启动继电器KA1线圈失电，其所有触点均复位，变频器再次进入准备工作状态。

10	若长时间不使用该变频系统时，可按下电源停止按钮SB1，切断电路供电电源。

11	当需要电动机反向运转时，按下变频器反向启动按钮SB5。

12	变频器的反向启动继电器KA2线圈得电。

12-1	继电器KA2的常开触点KA2-3闭合，实现自锁。

15	若需要电动机停止运转，则按下变频器停止按钮SB3。

12-2	常闭触点KA2-4断开，防止变频器正向启动继电器KA1线圈得电。

14	三台电动机同时反向启动并运转。

16	变频器反向启动继电器KA2线圈失电，其所有触点均复位，变频器再次进入准备工作状态。

12-3	继电器KA2的常开触点KA2-2闭合，锁定电源停止按钮SB1，防止误操作，使变频器在运转状态下突然断电，影响变频器使用及电路安全。

13	变频器收到反转启动运转指令，内部主电路开始工作，U、V、W端输出反向变频启动信号，同时加到三台电动机M1～M3的三相绕组上。

17	若长时间不使用该变频系统时，可按下电源停止按钮SB1，切断电路供电电源。

12-4	常开主触点KA2-1闭合，变频器反转启动端子REV与公共端子COM短接。

11.8 物料传输机变频控制电路的识读

11.8.1 物料传输机变频控制电路的结构与功能

图 11-20 物料传输机变频控制电路的结构与功能特点

如图 11-20 所示，物料传输机是一种通过电动机带动传动设备来向定点位置输送物料的工业设备，该设备要求传输的速度可以根据需要改变，以保证物料的正常传送。在传统控制线路中一般由电动机通过齿轮或电磁离合器进行调速控制，其调速控制过程较硬，制动功耗较大，使用变频器进行控制可有减小启动及调速过程中的冲击，可有效降低耗电量，同时还大大提高了调速控制的精度。

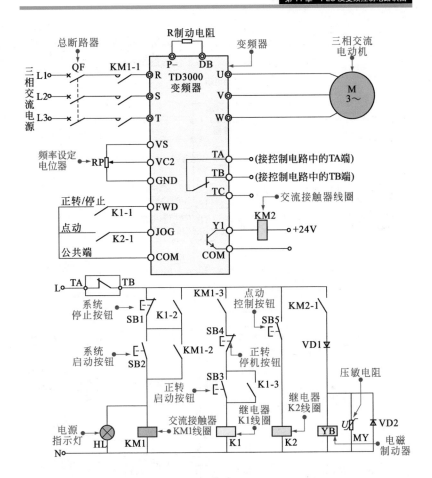

11.8.2　物料传输机变频控制电路的识读分析

图 11-21　物料传输机变频控制电路的识读分析

图 11-21 为物料传输机变频电路的识读分析过程。

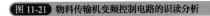

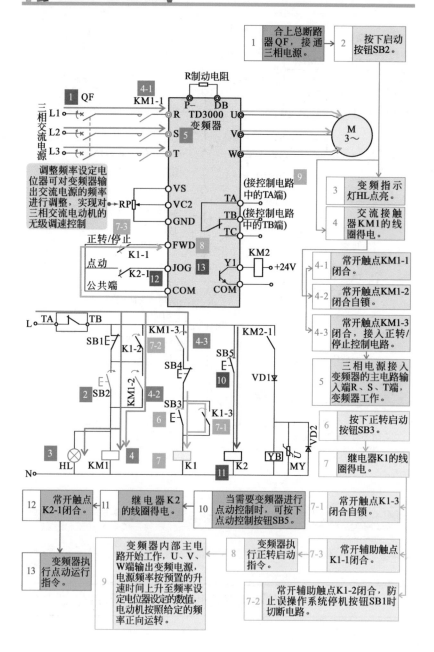

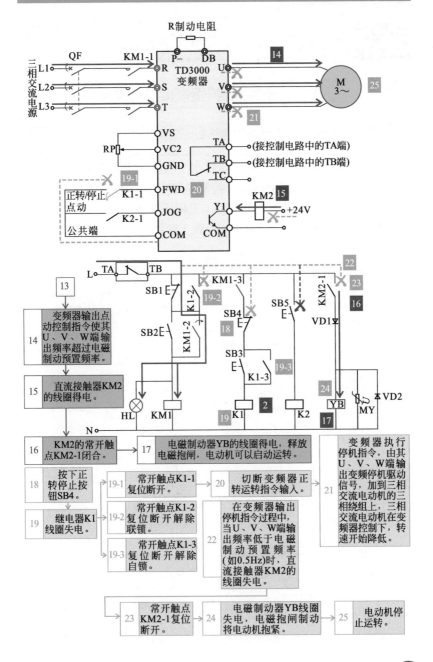

11.9 恒压供水变频控制电路的识读

11.9.1 恒压供水变频控制电路的结构与功能

图 11-22 恒压供水变频控制电路的结构与功能特点

如图 11-22 所示，典型恒压供水变频控制电路主要由变频主电路和控制电路两部分构成。控制电路中采用康沃 CVF-P2 型风机水泵专用型变频器，具有变频 - 工频切换控制功能，可在变频电路发生故障或维护检修时，切换到工频状态维持供水系统工作。

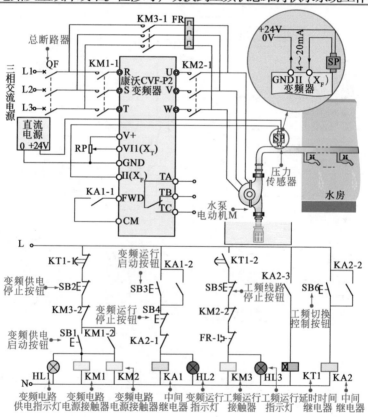

11.9.2 恒压供水变频控制电路的识读分析

图 11-23 恒压供水变频控制电路的识读分析

如图 11-23 所示，典型恒压供水控制电路中，由变频器与电气部件结合，通过对水泵电动机的控制实现自动启停控制，进而带动电动机水泵工作实现供水功能。

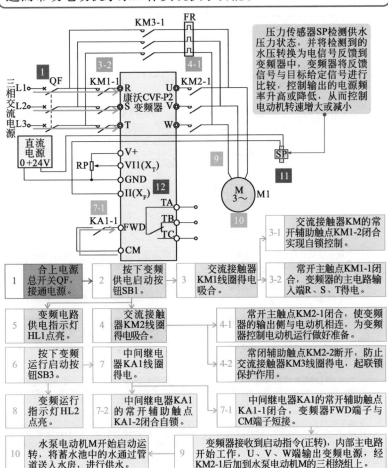

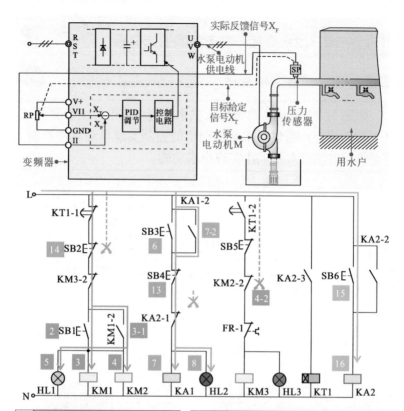

11	水泵电动机M1工作时，供水系统中的压力传感器SP实施检测供水压力状态，并将检测到的水压力转换为电信号反馈到变频器端子II(X_F)上。	12	变频器端子II(X_F)将反馈信号与初始目标设定端子VII(X_T)给定信号相比较，将比较信号经变频器内部PID调节处理后得到频率给定信号，用于控制变频器输出的电源频率升高或降低，从而控制电动机转速增大或减小。
13	若需要变频控制线路停机时，按下控制电路中的变频运行停止按钮SB4，电路中接触器复位，切断电动机供电电源即可。	14	若需要对变频电路进行检修或长时间不使用控制电路时，需按下变频供电停止按钮SB2以及断路器QF，切断系统总供电电源，确保线路安全。
15	当变频线路维护或故障时，可将线路切换到工频运行状态。可通过工频切换控制按钮SB6，自动延时切换到工频运行状态，由工频电源为水泵电动机M供电，用以在变频线路进行维护或检修时，维持供水系统工作。即按下工频切换控制按钮SB6。	16	中间继电器KA2线圈得电；常闭触点KA2-1断开；常开触点KA2-2闭合自锁；常开触点KA2-3闭合。此时，中间继电器KA1失电；时间继电器KT1得电。相应触点动作，最终引起交流接触器KM1、KM2线圈失电，KM3线圈得电，此时水泵电动机经KM3-1后，连接工频电源，处于工频运行状态。

附录1
常用电气部件文字标识速查表

序号	种类	字母符号		对应中文名称
		单字母	双字母	
1	组件部件	A	—	分立元件放大器
			—	激光器
			—	调节器
			AB	电桥
			AD	晶体管放大器
			AF	频率调节器
			AG	给定积分器
			AJ	集成电路放大器
			AM	磁放大器
			AV	电子管放大器
			AP	印制电路板、脉冲放大器
			AT	抽屉柜、触发器
			ATR	转矩调节器
			AR	支架盘、电动机扩大机
			AVR	电压调节器

续表

序号	种类	字母符号		对应中文名称
		单字母	双字母	
2	变换器 （从非电量到电量或从电量到非电量）	B	—	热电传感器、热电池、光电池、测功计、晶体转换器
			—	送话器
			—	拾音器
			—	扬声器
			—	耳机
			—	自整角机
			—	旋转变压器
			—	模拟和多级数字
			—	变换器或传感器
			BC	电流变换器
			BO	光电耦合器
			BP	压力变换器
			BPF	触发器
			BQ	位置变换器
			BR	旋转变换器
			BT	温度变换器
			BU	电压变换器
			BUF	电压－频率变换器
			BV	速度变换器

续表

序号	种类	字母符号		对应中文名称
		单字母	双字母	
3	电容器	C	—	电容器
			CD	电流微分环节
			CH	斩波器
4	二进制单元 延迟器件 存储器件	D	—	数字集成电路和器件、延迟线、双稳态元件、单稳态元件、磁芯存储器、寄存器、磁带记录机、盘式记录机、光器件、热器件
			DA	与门
			D（A）N	与非门
			DN	非门
			DO	或门
			DPS	数字信号处理器
5	杂项	E	—	本表其他地方未提及的元件续表
			EH	发热器件
			EL	照明灯
			EV	空气调节器
6	保护器件	F	—	过电压放电器件、避雷器
			FA	具有瞬时动作的限流保护器件
			FB	反馈环节
			FF	快速熔断器
			FR	具有延时动作的限流保护器件
			FS	具有延时和瞬时动作的限流保护器件
			FU	熔断器
			FV	限压保护器件

续表

序号	种类	字母符号		对应中文名称
		单字母	双字母	
7	发电机电源	G	—	旋转发电机、振荡器
			GS	发生器、同步发电机
			GA	异步发电机
			GB	蓄电池
			GF	旋转式或固定式变频机、函数发生器
			GD	驱动器
			G-M	发电机–电动机组
			GT	触发器（装置）
8	信号器件	H	—	信号器件
			HA	声响指示器
			HL	光指示器、指示灯
			HR	热脱口器
9	继电器、接触器	K	—	继电器
			KA	瞬时接触继电器、瞬时有或无继电器、交流接触器、电流继电器
			KC	控制继电器
			KG	气体继电器
			KL	闭锁接触继电器、双稳态继电器
			KM	接触器、中间继电器
			KMF	正向接触器
			KMR	反向接触器
			KP	极化继电器、簧片继电器、功率继电器
			KT	延时有或无继电器、时间继电器
			KTP	温度继电器、跳闸继电器
			KR	逆流继电器
			KVC	欠电流继电器
			KVV	欠电压继电器

续表

序号	种类	字母符号		对应中文名称
		单字母	双字母	
10	电感器 电抗器	L	—	感应线圈、线路陷波器，电抗器（并联和串联）
			LA	桥臂电抗器
			LB	平衡电抗器
11	电动机	M	—	电动机
			MC	笼型电动机
			MD	直流电动机
			MS	同步电动机
			MG	可作发电机或电动用的电动机
			MT	力矩电动机
			MW（R）	绕线转子电动机
12	模拟集成电路	N		运算放大器、模拟/数字混合器件
13	测量设备 试验设备	P	—	指示器件、记录器件、计算测量器件、信号发生器
			PA	电流表
			PC	（脉冲）计数器
			PJ	电度表（电能表）
			PLC	可编程控制器
			PRC	环型计数器
			PS	记录仪器、信号发生器
			PT	时钟、操作时间表
			PV	电压表
			PWM	脉冲调制器

续表

序号	种类	字母符号		对应中文名称
		单字母	双字母	
14	电力电路的开关	Q	QF	继路器
			QK	刀开关
			QL	负荷开关
			QM	电动机保护开关
			QS	隔离开关
15	电阻器	R	—	电阻器
			—	变阻器
			RP	电位器
			RS	测量分路表
			RT	热敏电阻器
			RV	压敏电阻器
16	控制电路的开关选择器	S	—	拨号接触器、连接极
			SA	控制开关、选择开关、电子模拟开关
			SB	按钮开关、停止按钮
			—	机电式有或无传感器
			SL	液体标高传感器
			SM	主令开关、伺服电动机
			SP	压力传感器
			SQ	位置传感器
			SR	转数传感器
			ST	温度传感器

续表

序号	种类	字母符号		对应中文名称
		单字母	双字母	
17	变压器	T	TA	电流互感器
			TAN	零序电流互感器
			TC	控制电路电源用变压器
			TI	逆变变压器
			TM	电力变压器
			TP	脉冲变压器
			TR	整流变压器
			TS	磁稳压器
			TU	自耦变压器
			TV	电压互感器
18	调制器 变换器	U	—	鉴频器、编码器、交流器、电报译码器
			UR	变流器、整流器
			UI	逆变器
			UPW	脉冲调制器
			UD	解调器
			UF	变频器
19	电真空器件 半导体器件	V	—	气体放电管、二极管、晶体管、晶闸管
			VC	控制电路用电源的整流器
			VD	二极管
			VE	电子管
			VZ	稳压二极管
			VT	三极管、场效应晶体管
			VS	晶闸管
			VTO	门极关断晶闸管

续表

序号	种类	字母符号 单字母	双字母	对应中文名称
20	传输通道 波导、天线	W	—	导线、电缆、波导、波导定向耦合器、偶极天线、抛物面天线
			WB	母线
			WF	闪光信号小母线
21	端子 插头 插座	X	—	连接插头和插座、接线柱、电缆封端和接头、焊接端子板
			XB	连接片
			XJ	测试塞孔
			XP	插头
			XS	插座
			XT	端子板
22	电气操作的机械装置	Y	—	气阀
			YA	电磁铁
			YB	电磁制动器
			YC	电磁离合器
			YH	电磁吸盘
			YM	电动阀
			YV	电磁阀
23	终端设备 混合变压器 滤波器、均衡器 限幅器	Z	—	电缆平衡网络、压缩扩展器、晶体滤波器、网络

附录2
电工电路常用辅助文字符号速查表

文字符号	名称	文字符号	名称	文字符号	名称
A	电流	FW	正，向前	RES	备用
	模拟	G	圆球灯	RS	沿屋面敷设（线缆敷设部位）
AB	沿或跨梁（屋架）敷设（线缆敷设部位）	GD	金黄（电工电路中表示导线的颜色字母标识）	RUN	运转
AC	交流	GN	绿（电工电路中表示导线的颜色字母标识）	S	信号
	沿或跨柱敷设（线缆敷设部位）	GNYE	绿黄（电工电路中表示导线的颜色字母标识）		支架上安装（灯具安装方式）
A,AUT	自动	GY	灰、蓝灰（电工电路中表示导线的颜色字母标识）	SA	安全照明
ACC	加速	H	高	SC	穿低压流体输送用焊接钢管敷设（线缆敷设方式）
ADD	附加	HC	家居控制箱	SAT	饱和
ADJ	可调	HD	家居配线箱		自耦降压启动器
AUX	辅助	HE	家居配电箱	SB	信号箱
ASY	异步	HDR	烘手器	SC	安防系统设备箱
B,BRK	制动	HM	座装式（灯具安装方式）	S，SET	置位，定位

续表

文字符号	名称	文字符号	名称	文字符号	名称
BAS	建筑设备监控系统设备箱	IB	仪表箱	SP	支架安装式（灯具安装方式）
BC	暗敷设在梁内（线缆敷设部位）	IN	输入	SR	银白（电工电路中表示导线的颜色字母标识）
	广播系统设备箱	INC	增	ST	启动
BK	黑（电工电路中表示导线的颜色字母标识）	IND	感应		备用照明
BM	浴霸	KPC	穿塑料波纹电线管敷设（线缆敷设方式）		软启动器
BN	棕（包括浅蓝，电工电路中表示导线的颜色字母标识）	KY	操作键盘	STB	机顶盒
BU	蓝（包括浅蓝，电工电路中表示导线的颜色字母标识）	L	左	STE	步进
BW	向后		限制	STP	停止
C	控制		花灯	SW	线吊式（灯具安装方式）
	吸顶灯		低	SYN	同步
CB	操作箱、控制箱	L1	交流系统中电源第一相	T	温度
CC	等电位	L2	交流系统中电源第二相		时间
	暗敷设在顶板内（线缆敷设部位）	L3	交流系统中电源第三相		台上安装式（灯具安装方式）
CCW	逆时针	L+	直流系统电源正极	TB	电源切换箱
CW	顺时针	L-	直流系统电源负极	TC	电缆沟敷设（线缆敷设方式）
CE	电缆排管敷设（线缆敷设方式）	LA	闭锁	TE	无噪声（防干扰）接地
CF	会议系统设备箱	LB	照明配电箱	TG	时间信号发生器
Ch	链吊式（灯具安装方式）	LEB	局部等电位端子箱	TP	电话系统设备箱

续表

文字符号	名称	文字符号	名称	文字符号	名称
CL	柱上安装式（灯具安装方式）	LL	局部照明灯	TQ	青绿（电工电路中表示导线的颜色字母标识）
	电缆梯架敷设（线缆敷设方式）	M	主	TV	电视系统设备箱
CLC	暗敷设在柱内（线缆敷设部位）		中	V	速度
CP	自在器线吊式（灯具安装方式）		中间线		电压
	穿可挠金属电线保护套管敷设（线缆敷设方式）		直流系统电源中间线	VAD	音量调节器
CP1	固定线吊式（灯具安装方式）		沿钢索敷设（线缆敷设方式）	VD	视频分配器
CP2	防水线吊式（灯具安装方式）	MEB	总等电位端子箱	VS	视频服务器
CP3	吊线器式（灯具安装方式）	M, MAN	手动		视频顺序切换器
CPU	计算机	MM	机壳或机架	VT	紫、紫红（电工电路中表示导线的颜色字母标识）
CS	链吊式（灯具安装方式）	MO	调制器	U	交流系统中设备第一相
CT	电缆托盘敷设（线缆敷设方式）	MOD	调制解调器	UB	支柱绝缘子
D	延时（延迟）	MR	穿金属槽盒（线槽）敷设（线缆敷设方式）		强电梯架、托盘和槽盒
	差动	MS	电动机启动器	UG	瓷瓶
	数字	MT	穿普通碳素电线保护套管敷设（线缆敷设方式）		弱电梯架、托盘和槽盒
	降	N	中性线	UPS	不间断电源装置
DB	直埋敷设（线缆敷设方式）	NT	网络系统设备箱	V	交流系统中设备第二相
	配电屏	OFF	断开	W	交流系统中设备第三相
DC	直流	OG	橙（电工电路中表示导线的颜色字母标识）		壁装式（灯具安装方式）
	门禁控制器	ON	闭合		壁灯

续表

文字符号	名称	文字符号	名称	文字符号	名称
DDC	直接数字控制器	OUT	输出	WB	电度表箱
DEC	减		压力	WC	暗敷设在墙内（线缆敷设部位）
DEC	解码器	P	保护	WD	低压配电线缆
DEM	解调器		管吊式（灯具安装方式）	WF	数据总线
DS	管吊式（灯具安装方式）	PB	动力配电箱	WG	控制电缆、测量电缆
DVR	数字硬盘录像机	PC	穿硬塑料导管敷设（线缆敷设方式）	WH	白（电工电路中表示导线的颜色字母标识）
E	接地	PE	保护接地	WL	照明线路
E	应急灯	PEN	保护接地与中性线共用	WLE	应急照明线路
ELB	应急照明配电箱	PK	粉红（电工电路中表示导线的颜色字母标识）	WP	电力（动力）线路
EM	紧急	PR	穿塑料槽盒（线槽）敷设（线缆敷设方式）	WPE	应急电力（动力）线路
EN	密闭灯	PU	不接地保护	WR	墙壁内安装式（灯具安装方式）
EPB	应急动力配电箱		记录	WS	信号线路
EPS	应急电源装置		右	XD	低压电缆头
EX	防爆灯		反		插座、插座箱
F	快速	R	嵌顶式（灯具安装方式）	XE	接地端子、屏蔽接地端子
FB	反馈		筒灯	XG	信号分配器
FC	暗敷设在地板或地面下（线缆敷设部位）	RD	红（电工电路中表示导线的颜色字母标识）	YE	黄（电工电路中表示导线的颜色字母标识）
FPC	穿阻燃半硬塑料导管敷设（线缆敷设方式）	R，RST	复位		